● 畜禽健康养殖关键技术丛书

肉牛健康养殖
关键技术

孙 鹏 张松山 等 编著

中国农业科学技术出版社

图书在版编目（CIP）数据

肉牛健康养殖关键技术 / 孙鹏等编著. --北京：中国农业科学技术出版社，2023.5

ISBN 978-7-5116-6076-3

Ⅰ.①肉… Ⅱ.①孙… Ⅲ.①肉牛—饲养管理 Ⅳ.①S823.9

中国版本图书馆CIP数据核字（2022）第231323号

责任编辑	金 迪
责任校对	贾若妍 李向荣
责任印制	姜义伟 王思文

出 版 者	中国农业科学技术出版社
	北京市中关村南大街12号 邮编：100081
电 话	（010）82106625（编辑室） （010）82109704（发行部）
	（010）82109709（读者服务部）
网 址	https://castp.caas.cn
经 销 者	各地新华书店
印 刷 者	北京建宏印刷有限公司
开 本	170 mm×240 mm 1/16
印 张	7.75
字 数	148千字
版 次	2023年5月第1版 2023年5月第1次印刷
定 价	56.00元

《肉牛健康养殖关键技术》
编著人员

主 编 著　孙　鹏　张松山

副主编著　马山红

编著人员　王　建　单　强　于　昕

　　　　　戴浩南　刘俊浩　马峰涛

　　　　　国　佳　卢庆萍　郝　月

　　　　　马　腾　钟儒清

前 言

  2023 年 2 月 13 日发布的中央一号文件，即《中共中央 国务院关于做好 2023 年全面推进乡村振兴重点工作的意见》中指出："抓紧抓好粮食和重要农产品稳产保供——构建多元化食物供给体系。树立大食物观，加快构建粮经饲统筹、农林牧渔结合、植物动物微生物并举的多元化食物供给体系。"牛肉作为国民饮食中的重要一环，在我国饮食结构中占比很大，肉牛养殖业是我国畜牧养殖产业的重要组成部分。随着人们生活水平的提高，对肉类的需求量与日俱增，尤其是对牛肉需求量每年都呈递增之势，占日常肉类消费量比重已达 15%。然而，近年来受到中美贸易争端的影响，进口牛肉备受限制，导致如今牛肉价格持续走高，同时国内牛源短缺，造成国内市场肉牛缺口非常之大，为了国民健康和长远着想，发展肉牛养殖才是根本。同时，国内各地区肉牛养殖规范和饲养水平参差不齐，导致牛肉饲养成本高、品质差、经济效益低。由此，专注肉牛"绿色、高质、高效、高产"生产宗旨和践行肉牛健康养殖势在必行。

  本书系统全面地介绍了肉牛健康养殖的系列关键技术，多角度和全面地探讨了肉牛各个生理阶段的营养需要及核心饲养管理技术。全书共分为十章，主要内容包括：肉牛的品种、肉牛场建设、肉牛养殖的设施设备、肉牛的饲养管理、肉牛的营养需要及常用饲料、肉牛生产力的评定、肉牛育肥技术、肉牛的繁育、肉牛常见疾病防控、肉牛养殖与福利。

  本书是在国家肉牛牦牛产业技术体系（CARS-37）、"十四五"国家重点研发计划子课题（2022YFD1301101-2）、中国农业科学院科技创新工程（cxgc-ias-07）资助下完成的。本书是多人智慧的结晶，在此由衷地感谢参与书稿编著的各位老师和同学。

  鉴于作者水平有限，本书编写时间紧、任务重，书中存在疏漏与不足之处在所难免，敬请广大读者批评指正。

编著者

2023 年 3 月

目 录

第一章　肉牛的品种

第一节　肉牛养殖的概述

牛肉营养价值高，味道鲜美，经常吃牛肉，可以补气养血，滋养益胃，利水消肿，强健肌肉和筋骨。牛肉含有丰富的蛋白质、维生素以及矿物质。并且脂肪与胆固醇含量比其他肉类要低，味道鲜美、营养价值高，可以提高机体的抗病能力，有多重功效；牛肉可以补血和加快受伤组织恢复，促进身体痊愈，蛋白质含量丰富并且种类较多，与人体所需的蛋白质构成相近，可为人体提供充足的能量。牛肉的蛋白质含量远高于猪肉，但脂肪和胆固醇的含量低于猪肉，因此减肥人群、高血压人群等较适宜食用牛肉，在日常消费中，可以适当减少猪肉的用量，增加牛肉的用量。牛肉中所含的维生素 B_6，有助于治疗口腔溃疡以及预防糖尿病；牛肉中所含的维生素 B_{12} 有助于增强记忆力以及促进碳水化合物、脂肪等代谢；牛肉中富含锌元素，有助于伤口和创伤的愈合、促进生长发育以及增强人体免疫力；牛肉中含有的镁则可加快胰岛素合成代谢的速度，保护神经，有助于预防糖尿病；牛肉中含有的钾可以调节体内酸碱平衡，防止泌尿系统发生病变。

肉牛即肉用牛，是以生产牛肉为主的牛。特点是体躯丰满、增重快、饲料利用率高、产肉性能好，肉质口感好。肉牛不仅为人们提供牛肉，还为人们提供其他副食品。肉牛养殖的前景广阔。供宰杀食用的肉牛，在中国主要有西门塔尔牛、夏洛莱牛及利木赞牛等。

第二节 国外主要肉牛品种

一、西门塔尔牛

西门塔尔牛（图1-1）原产于瑞士西部的阿尔卑斯山区，主要产地为西门塔尔平原和萨能平原。在法国、德国、奥地利等国边邻地区也有分布。西门塔尔牛数量占瑞士全国牛只的50%、占奥地利牛只的63%，现已分布到很多国家，成为世界上分布最广，数量最多的乳、肉、役兼用品种之一。

西门塔尔牛原产于瑞士，并不是纯种肉用牛，而是乳肉兼用品种。但由于西门塔尔牛产乳量高，产肉性能也并不比专门化肉牛品种差，役用性能也很好，是乳、肉、役兼用的大型品种。它是我国分布最广的引进品种，适应性好，在许多地区用它改良本地黄牛，普遍反馈改良效果好，肉用性能得到提高，日增重加快。1990年山东省畜牧局牛羊养殖基地引进该品种。此品种被畜牧界称为全能牛。我国从国外引进肉牛品种始于20世纪初，但大部分都是新中国成立后才引进的。西门塔尔牛在引进我国后，对我国各地的黄牛改良效果非常明显，杂交一代的生产性能一般都能提高30%以上，因此很受欢迎。

西门塔尔牛毛色为黄白花或淡红白花，躯体常有白色胸带，头部、腹部、尾梢、四肢的飞节和膝关节以下为白色；体格粗壮结实，额宽，头部轮廓清晰，嘴宽眼大，角细致，前躯较后躯发育好，胸和体躯较深，腰宽身躯长，体表肌肉群明显易见，臀部肌肉充实，股部肌肉深，多呈圆形；四肢粗壮，蹄圆厚。西门塔尔牛体型高大，一般成年公牛体重为1 000～1 300 kg，母牛为650～800 kg；产肉性能良好，瘦肉多，脂肪分布均匀，肉质佳，屠宰率一般为63%。

图1-1 西门塔尔牛

二、利木赞牛

利木赞牛（图 1-2）又称利木辛牛，为大型肉用品种，原产于法国中部的利木赞高原，并因此得名。利木赞牛分布于世界许多国家，利木赞牛以生产优质肉块比重大而著称，骨较细，出肉率高。其主要分布在法国中部和南部的广大地区，数量仅次于夏洛莱牛，育成后于 20 世纪 70 年代初，输入欧美各国，现在世界上许多国家都有该牛分布，属于专门化的大型肉牛品种。1974 年和 1993 年，我国数次从法国引入利木赞牛，在河南、山东、内蒙古等地改良当地黄牛。

毛色多为一致的黄褐色。角为白色，公牛角较粗短，向两侧伸展；被毛浓厚而粗硬；肉用特征明显，体质结实，体躯较长，肌肉发达，臀部宽平。利木赞牛属早熟型，生长速度快，适应能力好，补偿生长能力强，耐粗饲。成牛公牛活重可达 900 ～ 1 100 kg，产肉性能和胴体质量好，眼肌面积大，出肉率高，肥育牛屠宰率可达 65% 左右，胴体瘦肉率为 80% ～ 85%，骨量小，牛肉风味好。

图 1-2　利木赞牛

三、夏洛莱牛

夏洛莱牛（图 1-3）原产于法国中西部到东南部的夏洛莱省和涅夫勒地区，是举世闻名的大型肉牛品种，自育成以来就以其生长快、肉量多、体型大、耐粗放、瘦肉多、饲料转化率高而受到国际市场的广泛欢迎，早已输往世界许多国家。被毛白色或黄白色，少数为枯草黄色，皮肤为肉红色。体型大而强壮，头小而短，口方宽，角细圆形为白色，向前方伸展。腰间由于臀部肥大而略显凹陷。颈粗短，胸深宽，背长平宽。全身肌肉很发达，尤其是臀部肌肉圆厚、丰满，尾部常出现隆起的肌束，称"双肌牛"。

夏洛莱牛生长速度极快，适应性强，耐寒抗热，产肉性能好，具有皮薄、肉嫩、胴体瘦肉多、肉质佳，味美等优良特性。成年公牛体重为1 100 ～ 1 200 kg，母牛为 700 ～ 800 kg，最高日增重可达 1.88 kg，屠宰率为

65% ～ 70%。12 月龄体重可达 500 kg 以上。初生 400 d 内平均日增重 1.18 kg，屠宰率 62.2%；20 世纪 70 年代引入河北省作杂交改良父本牛。近年来每年改良本地母牛 15 万头以上。

图 1-3　夏洛莱牛

四、安格斯牛

安格斯牛（图 1-4）原产于苏格兰东北部的阿伯丁、安格斯、班夫和金卡丁等郡，并因此得名。与英国的卷毛加罗韦牛亲缘关系密切。目前分布于世界各地，是英国、美国、加拿大、新西兰和阿根廷等国的主要牛种之一，在澳大利亚、南非、巴西、丹麦、挪威、瑞典、西班牙、德国等有一定的数量分布。

安格斯犊牛平均初生重 25 ～ 32 kg，具有良好的增重性能，在自然随母哺乳的条件下，公犊 6 月龄断奶体重为 198.6 kg，母犊 174 kg；周岁体重可达 400 kg，并且达到要求的胴体等级，日增重 950 ～ 1 000 g。安格斯牛成年公牛平均活重 700 ～ 900 kg，高的可达 1 000 kg，母牛 500 ～ 600 kg。成年体高公母牛分别为 130.8 cm 和 118.9 cm。

安格斯牛肉用性能良好，表现早熟易肥、饲料转化率高，被认为是世界上各种专门化肉用品种中肉质最优秀的品种。安格斯牛胴体品质好、净肉率高、大理石花纹明显，屠宰率为 60% ～ 65%。据 2003 年美国佛罗里达州的研究报道，3 937头平均为14.5月龄的安格斯阉牛，育肥期日增重（1.3±0.18）kg，胴体重（341.3±33.2）kg，被膘厚（1.42±0.46）cm，眼肌面积（76.13±9）cm^2，育肥期饲料转化率每千克饲料（5.7±0.7）kg；骨骼较细，仅约占胴体重的12.5%。安格斯牛肉嫩度和风味很好，是世界上唯一一种用品种名作为品牌名称的肉牛。

图1-4　安格斯牛

五、赫里福德牛

赫里福德牛（图1-5），英格兰赫里福德郡产肉牛品种。体被毛红色，脸白色，有白色标志斑。1846年第一次出版良种登记册时，将此品种分为四类：脸带斑点的、浅灰色的、深灰色的、体红色而白脸的。突出的特点是毛色一致、早熟及能够在不利条件下成长。赫里福德牛1817年最初由克雷（Henry Clay）引进美国。它在北美洲草原地区（北至加拿大南至墨西哥）已成为主要品种。它在大不列颠赫里福德郡和乌斯特以及邻近地区是主要品种，苏格兰、爱尔兰和威尔士也有这个品种。赫里福德牛适合澳大利亚、新西兰、阿根廷、乌拉圭和巴西的草原环境。美国无角赫里福德牛品系是由1900年左右选择注册的天然无角赫里福德牛培育而成的。其数量增加迅速，全美国包括夏威夷到处都有畜群，其品系已广泛输出。

图 1–5　赫里福德牛

六、比利时蓝牛

比利时蓝牛（图 1-6）是一种原产于比利时，当家的肉牛品种。该牛适应性强，其特点是早熟、温驯，肌肉发达且呈重褶，肉嫩、脂肪含量少。现已分布到美国、加拿大等 20 多个国家。比利时蓝牛肉体大、圆形，肌肉发达，表现在肩、背、腰和大腿肉块重褶。头呈轻型，背部平直，尻部倾斜，皮肤细腻，有白、蓝斑点或有少数黑色斑点。成年母牛平均体重 725 kg，体高 134 cm；公牛体重 1 200 kg，体高 148 cm。比利时蓝牛不但体魄健壮而且早熟，易于早期育肥，日增重 1.4 kg。据测定：增 1 kg 体重耗浓缩料 6.5 kg。该牛最高的屠宰率达 71%。比利时蓝牛能比其他品种牛多提供肌肉 18% ～ 20%，骨少 10%，脂肪少 30%。

图 1–6　比利时蓝牛

七、神户肉牛

神户牛（图 1-7）是日本黑色但马牛的一种，因主要出产于兵库县神户市而得名。但马牛的故乡是在面向日本海、平原少的兵库县北部山地名为但马的地方。该地起源悠久，早在平安时代初期的"续日本纪"中便有有关对但马牛的记载。

但马牛身材敦实，胸宽肚圆，皮肤乌亮。因生活地区昼夜温差大，夜间降露水，拥有大量的柔软鲜嫩的牧草和富含矿物质的山泉水，使但马牛形成了特有的肉质。同时，由于骨头细小皮下脂肪少，其可食用的部位多，被誉为拥有天赐般食用资质的最棒的品种。因其优秀的血统和严格管理的饲养环境，但马牛的肌肉纤维细腻，"雪花状脂肪"分布均匀，形成了最为出色的柔软醇厚口感。因其很强的遗传力，被用作全日本的和牛品种改良牛（除了神户牛，但马牛还会被养殖为松阪牛或其他高级牛的子牛，现在在日本各地的名品牛身上都有来自但马牛的基因），而纯种的但马牛更是被称为珍宝。

神户牛有独特的饲养方式，而神户牛肉则为日本料理中的珍馐，特性表现为口感上的柔韧、肥嫩以及外表所呈现出的大理石纹理。神户牛之所以享有美名，是因为其肌肉中均匀分布大理石纹理样的脂肪，其口感柔韧、肥嫩，入口即化。但这样的牛肉不能大规模生产，而且日本对神户牛肉质的筛选也有严格的制度：每只牛要经过脂肪混杂率、颜色、细腻度等一系

图 1-7 神户肉牛

列评测，达到 A4 或 A5 级以上才有资格成为神户牛。能够达到神户牛肉品质要求的牛，每年只有 3 000 头左右，而这些牛只能产出大约 40 000 kg 优质牛肉。

第三节　国内主要肉牛品种

一、鲁西黄牛

鲁西牛（图 1-8）亦称"山东牛"，是中国黄牛的优良地方品种。原产山东西南地区，主要产于山东省西南部的菏泽和济宁两地区，北自黄河，南至黄河故道，东至运河两岸的三角地带。鲁西牛是中国中原四大牛种之一，以优质育肥性能著称。毛色多黄褐、赤褐。体型大，前躯发达，垂皮大，肌肉丰满，四肢开阔，蹄圆质坚。成年公牛体重 500 kg 以上，母牛 350 kg 以上。挽力大而能持久。性温驯，易肥育，肉质良好。鲁西黄牛具有较好的肉役兼用体型，耐苦耐粗，适应性强，尤其抗高温能力强。目前约有 45 万头，分布于菏泽地区的郓城、鄄城、菏泽、巨野、梁山和济宁地区的嘉祥、金乡、济宁、汶上等县、市。聊城、泰安以及山东的东北部也有分布。其中以菏泽地区的郓城、鄄城、牡丹区、巨野、梁山和济宁地区的嘉祥、金乡、济宁、汶上等县为中心产区。

体型外貌：被毛有棕色、深黄、黄色和淡黄色四种，以黄色为主，占总数的 70% 左右，一般牛毛色为前深后浅，眼圈、口轮、腹下到四肢内侧毛色较淡，毛细而软。体型高大、粗壮，结构匀称紧凑，肌肉发达，胸部发育好，背腰宽广，后躯发育较差；骨骼细致，管围较细，蹄色不一，从红到蜡黄，多为琥珀色；尾细长呈纹锤形。肉用性能：鲁西牛体成熟较晚，成年公牛平均体重 650 kg 左右，肥育性能良好，皮薄骨细，肉质细嫩，1 ～ 1.5 岁育肥平均日增重 610 g。18 月龄屠宰率可达 57.2%，并具明显大理石状花纹。

图 1-8　鲁西黄牛

二、南阳黄牛

南阳黄牛（图 1-9）是全国五大良种黄牛之首，其特征主要体现在：体躯高大，力强持久，肉质细，香味浓，大理石花纹明显，皮质优良。南阳黄牛毛色分黄、红、草白三种，黄色为主，而且役用性能、肉用性能及适应性能俱佳。南阳牛属大型役肉兼用品种，主要分布于河南省南阳市唐河、白河流域的广大平原地区，以南阳市郊区、唐河、邓州、新野、镇平、社旗、方城，泌阳等 8 个县、市为主要产区。除南阳盆地几个平原县、市外，周口、许昌、驻马店、漯河等地区分布也较多。河南省约有南阳黄牛 200 多万头。

体型外貌：毛色多为黄色，其次是黄、草白等色；鼻镜多为肉红色，多数带有黑点；体型高大，骨骼粗壮结实，肌肉发达，结构紧凑，体质结实；肢势正直，蹄形圆大，行动敏捷。公牛颈短而厚，颈侧多皱纹，稍呈弓形，鬐甲较高。肉用性能：成年公牛体重为 650 ～ 700 kg，屠宰率在 55.6% 左右，净肉率可达 46.6%。该品种牛易于育肥，平均日增重最高可达 813 g，肉质细嫩，大理石纹明显，味道鲜美。南阳牛对气候适应性强，与当地黄牛杂交，后代表现良好。

图1-9 南阳黄牛

三、秦川牛

　　秦川牛（图1-10）是我国著名的大型役肉兼用品种，原产于陕西渭河流域的关中平原，目前饲养的总数在60万头以上。秦川牛因产于陕西省关中地区的"八百里秦川"而得名。其中渭南、临潼、蒲城、富平、大荔、咸阳、兴平、乾县、礼泉、泾阳、三原、高陵、武功、扶风、岐山15个县、市为主产区，共有28.6万头，占60%。主要分布在关中平原的几个县、市。据1981年统计，产区共有47.67万头。

　　体型外貌：毛色以紫红色和红色居多，占总数的80%左右，黄色较少。头部方正，鼻镜呈肉红色，角短，呈肉色，多为向外或向后稍弯曲；体型大，各部位发育均衡，骨骼粗壮，肌肉丰满，体质强健；肩长而斜，前躯发育良好，胸部深宽，肋长而开张，背腰平直宽广，长短适中，荐骨部稍隆起，一般多是斜尻；四肢粗壮结实，前肢间距较宽，后肢飞节靠近，蹄呈圆形，蹄叉紧、蹄质硬，绝大部分为红色。肉用性能：秦川牛肉用性能良好。成年公牛体重600～800 kg。易于育肥，肉质细致，瘦肉率高，大理石纹明显。18月龄育肥牛平均日增重为550 g（母）或700 g（公），平均屠宰率达58.3%，

图1-10 秦川牛

净肉率 50.5%。

四、晋南牛

晋南牛（图 1-11）产于山西省西南部汾河下游的晋南盆地。晋南盆地位于汾河下游，傍山地带泉水丰富，气候温和，具有暖温带大陆性半湿润季风气候特征。夏季高温多雨，年平均气温 10 ～ 14℃，年降水量 500 ～ 650 mm，无霜期 160 ～ 220 d。

图 1-11　晋南牛

晋南牛属大型役肉兼用品种，产于山西省西南部汾河下游的晋南盆地，包括运城地区的万荣、河津、临猗、永济、运城、夏县、闻喜、芮城、新绛，以及临汾地区的候马、坤远、襄汾等县、市。据 1981 年统计，有晋南牛 30 余万头，其中以万荣、河津和临猗三县的数量最多、质量最好。

体型外貌：毛色以枣红色为主，其次是黄色及褐色；鼻镜和蹄趾多呈粉红色；体格粗大，体较长，额宽嘴阔，俗称"狮子头"。骨骼结实，前躯较后躯发达，胸深且宽，肌肉丰满。肉用性能：晋南牛属晚熟品种，产肉性能良好，平均屠宰率 52.3%，净肉率为 43.4%。

五、延边牛

延边牛（图 1-12）产于东北三省东部的狭长地带，分布于吉林省延边朝鲜族自治州的延吉、和龙、汪清、珲春及毗邻各县；黑龙江省的宁安、海林、东宁、林口、汤元、桦南、桦川、依兰、勃利、五常、尚志、延寿、通河，辽宁省宽甸县及沿鸭绿江一带。延边朝鲜族自治州位于吉林省东部山岳地带，属大陆性寒温带半湿润季风气候区，年平均气温 2 ～ 6℃。年降水量 500 ～ 700 mm，年平均湿度 68.6%，无霜期 110 ～ 145 d。土壤类型有棕色森林土、森林灰化土、生草灰化土、冲积土、水田土、草甸土、草炭沼泽土等。土地肥沃，农业生产较发达，农副产品丰富，天然草场广阔，草种繁多，并有大量的林间牧地，水草丰美，气候相宜，有利于养牛业的发展。朝鲜族素有养牛习惯，对牛特别喜爱，饲养管理细致，冬季采用三暖（住暖圈、饮暖水、喂暖饲料）饲养，夏季放牧，注意淘汰劣质种牛，严格进行选种选配。产区农业生产上的使役需要，对形成延边牛结实的体质、良好的役用性能曾起过重要作用。

延边牛属寒温带山区的役肉兼用品种。适应性强。胸部深宽，骨骼坚实，被毛长而密，皮厚而有弹力。公牛头方额宽，角基粗大，多向外后方伸展成一字形或倒八字角，颈厚而隆起。母牛头大小适中，角细而长，多为龙门角，乳房发育较好。毛色多呈浓淡不同的黄色，黄色占 74.8%；浓黄色 16.3%，淡黄色 6.79%，其他毛色 2.2%；鼻镜一般呈淡褐色，带有黑斑点。延边牛自 18 月龄育肥 6 个月，日增重为 813 g，胴体重 265.8 kg，屠宰率 57.7%，净肉率 47.23%，肉质柔嫩多汁，鲜美适口，大理石纹明显。眼肌面积 75.8 cm^2。母牛初情期为 8～9 月龄，性成熟期平均为 13 月龄；公牛平均为 14 月龄。母牛发情周期平均为 20.5 d，发情持续期 12～36 h，平均 20 h。公牛终年发情，7—8 月为旺季。常规初配时间为 20～24 月龄。

延边牛成年公牛体高、体长、胸围、管围和体重分别为：(130.6±4.4) cm，(151.8±6.2) cm，(186.7±7.1) cm，(19.8±1.2) cm，(465.5±61.8) kg，成年母牛分别为：(121.8±4.4) cm，(141.2±5.3) cm，(171.41±6.8) cm，(16.8±1.0) cm，(365.2±44.4) kg。延边牛性情温驯，持久力强，能拉车、耕地、驮运等，不仅适用于水旱田耕作，还善走山路和在倾斜地带工作，连续作业不易疲劳。瞬间最大挽力：公牛平均为 425 kg，占体重的 72.5%；母牛平均为 331 kg，占体重的 84.4%。挽车运输能力：用铁轮车，平均挽力 50～60 kg；载货重量，公牛 600 kg，母牛 400 kg；泌乳期 6～7 个月，一般牛乳产量 500～700 kg，优良牛 800～900 kg，乳脂率 5.8%～6.6%，母牛产后 9 个月内产乳量达 50%。延边牛耐寒，耐粗饲，抗病力强。使役持久力强，不易疲劳。在 -26℃时牛只明显不安，但保持正常食欲和反刍，是我国宝贵的抗寒品种之一，但还存在体躯较窄，后躯和母牛乳房发育较差等缺点。

图 1-12 延边牛

六、渤海黑牛

渤海黑牛（图 1-13）为中国罕见的黑毛牛品种，中国良种牛育种委员会将该牛列为中国八大名牛之一。属于黄牛科，是世界上三大黑毛黄牛品种之一，因为它全身被黑，传统上一直叫它渤海黑牛，是山东省环渤海县经过长期驯化和选育而成的优良品种。渤海黑牛全身黑色，低身广躯，后躯发达，体质健壮，形似雄狮，当

图 1-13　渤海黑牛

地称为"抓地虎"，港澳誉为"黑金刚"。渤海黑牛成年公牛、阉牛体高 133 cm 左右，体重 460 kg 左右，母牛体高一般 120 cm 左右，体重 360 kg 左右。

第二章　肉牛场建设

第一节　场址选择

牛场场址的选择要周密考虑，通盘安排并进行长远规划，必须与农牧业发展规划、农田基本建设规划以及修建住宅等规划结合起来，必须适应现代化养牛业的需要。所选场址，要有发展的空间。

（1）地势高燥。肉牛场应建在地势高燥、背风向阳、地下水位较低，具有缓坡的北高南低，总体平坦的地方。切不可建在低凹处、风口处，以免造成排水困难、汛期积水及冬季防寒困难。

（2）土质良好。土质以沙壤土为好。土质松软，透水性强，雨水、尿液不易积聚，雨后没有硬结、有利于牛舍及运动场的清洁与卫生干燥，有利于防止蹄病及其他疾病的发生。

（3）水源充足。要有充足的合乎卫生要求的水源，保证生产生活及人畜饮水。水质良好，不含毒物，确保人畜安全和健康。

（4）草料丰富。肉牛饲养所需的饲料特别是粗饲料需要量大，不宜运输。肉牛场应距秸秆、青贮和干草饲料资源较近，以保证草料供应，减少运费，降低成本。

（5）交通方便。架子牛和大批饲草饲料的购入，肥育牛和粪肥的销售，运输量很大，来往频繁，有些运输要求风雨无阻，因此，肉牛场应建在离公路或铁路较近的交通方便的地方。

（6）卫生防疫。远离主要交通要道、村镇工厂600 m以外，一般交通道路200 m以外。还要避开对肉牛场污染的屠宰、加工和工矿企业，特别是化工类企业。符合兽医卫生和环境卫生的要求，周围无传染源。

（7）节约土地。不占或少占耕地。

（8）避免地方病。人畜地方病多因土壤、水质缺乏或过多含有某种元素而引起。地方病对肉牛生长和肉质影响很大，虽可防治，但势必会增加成本，故应尽可能避免。

第二节　场地规划与布局

修建牛舍的目的是给牛创造适宜的生活环境，保障牛的健康和正常生长。花较少的资金、饲料、能源和劳力，获得更多的畜产品和较高的经济效益。为此，设计肉牛舍应掌握以下原则：

（1）为牛创造适宜的环境。适宜的环境可以充分发挥牛的生产潜力，提高饲料利用率。一般来说，家畜的生产力20%取决于品种，40%～50%取决于饲料，20%～30%取决于环境。不适宜的环境温度可使家畜生产力下降10%～30%。此外，即使喂给全价饲料，如果没有适宜的环境，饲料也不能最大限度地转化为畜产品，从而降低了饲料利用率。由此可见，修建畜舍时，必须符合家畜对各种环境条件的要求，包括温度、湿度、通风、光照、空气中的二氧化碳、氨、硫化氢浓度，为家畜创造适宜的环境。

（2）要符合生产工艺要求，保证生产的顺利进行和畜牧兽医技术措施的实施。肉牛生产工艺包括牛群的组成和周转方式、运送草料、饲喂、饮水、清粪等，也包括测量、称重、采精输精、防治、生产护理等技术措施。修建牛舍必须与本场生产工艺相结合。否则，必将给生产造成不便，甚至使生产无法进行。

（3）严格卫生防疫，防止疫病传播。流行性疫病对牛场形成威胁，造成经济损失。通过修建规范牛舍，为家畜创造适宜环境，将会防止或减少疫病发生。此外，修建畜舍时还应特别注意卫生要求，以利于兽医防疫制度的执行。要根据防疫要求合理进行场地规划和建筑物布局，确定畜舍的朝向和间距，设置消毒设施，合理安置污物处理设施等。

（4）要做到经济合理，技术可行。在满足以上三项要求的前提下，畜舍修建还应尽量降低工程造价和设备投资，以降低生产成本，加快资金周转。因此，畜舍修建要尽量利用自然界的有利条件（如自然通风、自然光照等），尽量就地取材，采用当地建筑施工习惯，适当减少附属用房面积。畜舍设计方案必须为通过施工可以实现的，否则，方案再好而施工技术上不可行，也只能是空想的设计。

肉牛舍分区规则如下:

(1)生产区。包括生产区和生产辅助区。生产区主要包括牛舍、运动场、积粪场等,这是肉牛场的核心,应设在场区地势较低的位置,要能控制场外人员和车辆,使之完全不能直接进入生产区,要保证最安全、最安静。各牛舍之间要保持适当距离,布局整齐,以便防疫和防火。但也要适当集中,节约水电线路管道,缩短饲草饲料及粪便运输距离,便于科学管理。生产辅助区包括饲料库、饲料加工车间、青贮池、机械车辆库、采精授精室、液氮生产车间、干草棚等。饲料库、干草棚、加工车间和青贮池,离牛舍要近一些,位置适中一些,便于车辆运送草料,减小劳动强度。但必须防止牛舍和运动场因污水渗入而污染草料。所以,一般都应建在地势较高的地方。

生产区和辅助生产区要用围栏或围墙与外界隔离。大门口设立门卫传达室、消毒室、更衣室和车辆消毒池,严禁非生产人员出入场内,出入人员和车辆必须经消毒室或消毒池进行消毒。

(2)管理区。包括办公室、财务室、接待室、档案资料室、活动室、实验室等。管理区要和生产区严格分开,保证50 m以上距离。

(3)生活区。职工生活区应在牛场上风口和地势较高地段,并与生产区保持100 m以上距离,以保证生活区良好的卫生环境。

(4)病牛隔离治疗区(包括兽医诊疗室、病牛、隔离舍)。此区设在下风口,地势较低处,应与生产区距离100 m以上。病牛区应便于隔离,单独通道,便于消毒,便于污物处理等。

(5)要在厂区门口建一个潜水池来消毒过往车辆。

第三节 牛场建设

(一)场内建筑

牛场内建筑物的配置要因地制宜,便于管理,有利于生产,便于防疫、安全等。统一规划,合理布局。做到整齐、紧凑,土地利用率高和节约投资,经济实用。

1. 牛舍

中国地域辽阔,南北、东西气候相差悬殊。东北三省、内蒙古、青海等地牛舍设计主要是防寒，长江以南则以防暑为主。牛舍的形式依据饲养规模和饲养方式而定。牛舍的建造应便于饲养管理，便于采光，便于夏季防暑，冬季防寒，便于防疫。修建多栋牛舍时，应采取长轴平行配置，当牛舍超过4栋时，可以2行并列配置，前后对齐，相距10 m以上。

2. 饲料库

建造地选在离每栋牛舍的位置都较适中，而且位置稍高的区域，既干燥通风，又利于成品料向各牛舍运输。

3. 干草棚及草库

尽可能地设在下风向地段，与周围房舍至少保持50 m以上距离，单独建造，既防止散草影响牛舍环境美观，又要达到防火安全。

4. 青贮窖或青贮池

建造选址原则同饲料库。位置适中，地势较高，防止粪尿等污水入浸污染，同时要考虑出料时运输方便，降低劳动强度。

5. 兽医室，病牛舍

应设在牛场下风口，而且相对偏僻一角，便于隔离，减少空气和水的污染传播。

6. 办公室和职工住舍

设在牛场之外地势较高的上风口，以防空气和水的污染及疫病传染。养牛场门口应设门卫和消毒室。

（二）场区优化

牛场统一规划布局，因地制宜地植树造林、栽花种草是现代化牛场不可缺少的建设项目。

1. 场区林带的规划

在场界周边种植乔木和灌木混合林带，并栽种刺笆。乔木类的可用大叶杨、旱柳、钻天杨、榆树及常绿针叶树等；灌木类的可用河柳、紫穗槐、侧柏等；刺笆可选陈刺等，起到防风阻沙等作用。

2. 场区隔离带的设置

主要用于分隔场内各区，如生产区、住宅区及管理区的四周都应设置隔离林带，一般可用杨树、榆树等，其两侧种灌木，以起到隔离作用。

3. 道路绿化

宜采用塔柏、冬青等四季常青树种，进行绿化，并配置小叶女贞或黄洋成绿化带。

4. 运动场遮阳林

在运动场的南、东、西三侧，应设 1～2 行遮阳林。一般可选择枝叶开阔，生长势强，冬季落叶后枝条稀少的树种，如杨树、槐树、法国梧桐等。

总之，树种花草的选择应因地制宜，就地选材，加强管护，保证成活。通过绿化，改善牛场环境条件和局部小气候，净化空气，美化环境，同时也能起到隔离作用。

第三章 肉牛养殖的设施设备

第一节 环境设备

一、环境控制设施

（一）防暑降温设施

肉牛为耐寒怕热体质，适宜的环境温度是 10～25℃，当环境温湿度超过适宜范围时，肉牛便有可能产生热应激。热应激会造成肉牛采食量下降，破坏其抗氧化平衡，导致肉牛免疫力下降，引起肉牛的牛肉品质下降。而针对牛热应激的缓解措施，牧场的主要理念便是"物理降温为主，营养调控为辅"，而其中最常见的物理降温措施便是采用喷淋和风扇。

1. 喷淋

对肉牛进行喷淋通过皮肤帮助肉牛达到散热的目的。采食区和待挤区都需要安装喷淋装置，安装高度要距地面 1.8 m 左右。夏季每 10 min 开启 1～2 min，要做到快速均匀淋湿肉牛，让水分充分蒸发完后再开始另外一个循环。喷淋和风扇合并使用，效率更高，效果更好。通过喷淋对肉牛降温处理，降温时间越长、强度越大，可以更迅速地带走肉牛体内的热量。如牛舍面积 56 ㎡，可容纳 28 头牛，风扇 30°、间距为 6 m，风速保持在 1.8～2.7 m/s 喷淋设备的每个喷口流量为 0.5 L/min，喷头垂直向下，每次喷淋约 40 min。可见喷淋对于缓解肉牛热应激的效果。

2. 风扇

通风可以提高肉牛散热和降低环境湿度。风扇可直接从肉牛皮肤表面带走热量。夏季要在肉牛卧床和饲喂区上方等处以促进空气流通。安装的风扇直径不小于 1 m，风扇之间的间距 10 m，风扇距离地面 2.4 m。气温在 20℃时开始启动风扇，持续运转，使用效果比较理想。使用这些设施的目的是要保证每头牛在行走、饮水、采食和休息时都能获得降温效果。安置和使用喷淋及风扇得当，肉牛周边局部环境温度可下降 8℃左右。

3. 卷帘

通常被安装在夏季牛舍射入阳光最强的一侧。放置卷帘一方面可以遮风挡雨，另外主要是可以对强光进行遮挡，避免阳光直射。从而起到一定程度的降温。要注意的是，卷帘的收放也要考虑牛舍的通风情况。当舍内温度过高且无风时，可将卷帘放下一半，进行适当通风。

（二）防寒保暖设施

在慢性冷应激期肉牛行为、生理方面表现为站立或游走时间缩短，卧息时间延长，饮水次数减少，排粪、排尿次数增加，反刍时间增加，呼吸频率下降，维持需要能量增加，采食量增加。当外界环境温度维持在 7 ~ 27℃时，哺乳犊牛可以保持相对恒定的体温。出生于寒冷冬季的犊牛要特别注意，由于外界温度过低，如若不及时将犊牛转至温暖的犊牛舍内，很有可能造成犊牛死亡。而谈及牧场的防寒措施多为针对新生犊牛的取暖措施。通常给犊牛舍安装浴霸或"小太阳"等供暖设备，另外给犊牛舍加垫足量的垫草并对墙体用保暖材料加饰也可起到保暖效果。值得注意的是，安装的取暖设施要及时维护和检查，避免线路短路，引起火灾。

二、环境监控设施

环境监控设施（图 3-1，源自戴浩南）通过各种传感器以实时监测牛舍内 CO_2、NH_3、H_2S、温湿度、风速与光照度等各项环境参数，并将数据及时传输至云端，最后利用经验公式通过无线传输模块、智能远程控制模块、风机、遮阳帘、湿帘、喷雾装置等设备，实现对牛舍环境的远程控制。用户可以登录网站以实时查看牛舍动态，查找分析原因，并手动控制设备的运行状态。该设备可以快速优化牛舍的环境参数，智能化、自动化程度高，可靠性强，对保证肉牛健康具有十分重要的意义。

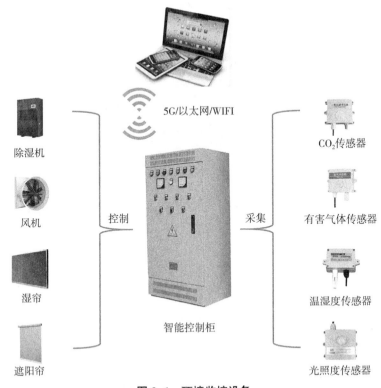

除湿机

风机

湿帘

遮阳帘

控制

5G/以太网/WIFI

CO_2传感器

有害气体传感器

温湿度传感器

光照度传感器

采集

智能控制柜

图 3-1 环境监控设备

第二节 饮水设备

一、牛用饮水碗

牛用饮水碗（图 3-2）是一种新型的大牲畜饮水设备，由碗、牛用饮水器、牛舌板、堵头、螺杆和螺帽组合而成。一体成型，表面光滑，安全便捷，不扎牛嘴。铸铁材质，防腐防锈，结实耐用，易于清洗。牛嘴触碰牛舌板，水即从管内流出，离开自动停水，既节水又卫生。

图 3-2　牛用饮水碗

二、恒温饮水槽

恒温饮水槽（图 3-3）是一种新型的牛用饮水器，其设计集合了进水、出水、清洗与加热等多种功能，充分保障牛的饮水需求。

图 3-3　恒温饮水槽

恒温饮水槽的优点如下：

（1）全不锈钢材质，防腐防锈，防漏水，经久耐用。

（2）尺寸依照牛的体型设计，符合其饮水习惯，节约材料。

（3）水槽内设有浮球阀，在牛饮水时会通过水管自动补水，有效避免了水槽断水情况的出现。

（4）分为翻转式和下漏式两种，方便清洗和更换水槽内的饮水，防止变质饮水长期滞留在水槽内，影响牛的健康。

（5）配备电加热装置，可以在冬季使水温保持在15℃左右。

三、多功能保温式饮水槽

多功能保温式饮水槽（图3-4）由单体高强度塑料制造而成，具有出色的保温防冻性能，可以保证牛在一年四季尤其是冬季饮用清洁且温度适宜的水。

多功能保温式饮水槽的优点如下所述。

（1）绿色环保。水槽由聚乙烯滚塑一次成型，无焊接点，不会生锈，抗压性能优良，方便清洗。

（2）省力高效。自动化程度高，具有恒温功能与自动加热功能，可自动冲洗底部淤积的泥沙，自动排放污水。

（3）设计巧妙。水槽的关键部位实施隐蔽安装，或者安装有安全保护装置与快速检修口，能够有效避免牛只对其的破坏。

图3-4　多功能保温式饮水槽

第三节　饲喂设备

一、电动喂料车

电动喂料车（图3-5）的主要功能是将成品日粮直接抛撒在饲喂区域内，适用于各个规格的牛场。电动喂料车能耗低，通过性强，灵活便捷，操作简单，维修方便，可以双侧撒料，通过挡位控制撒料速度，有效降低劳动强度，提高劳动效率，省时省力，节约饲喂成本。

图 3–5　电动喂料车

二、颈夹

　　牛颈夹是规模化牧场必备的一种保定设备，由活动杆、活动立杆、活动挡板、配套抱卡、螺栓和销轴等部分组成。通常设在牛栏和饲槽之间，可在牛伸头采食时灵活开合，从而方便地固定牛，保证牛的采食量，便于兽医或配种员进行常规体检、防疫、去角、治疗、配种等生产活动，确保工作人员和牛的安全，降低劳动强度，提高工作效率。根据牛生长发育阶段的不同，牛颈夹间距也不同，其中后备牛颈夹间距一般为 40 ～ 60 cm，成母牛颈夹间距一般为 75 cm，而围产期奶牛颈夹间距则要求至少 100 cm。合理颈夹间距可以防止牛抢食，引导牛独立采食饲料，保证其营养需要。

　　目前，牧场当中采用的颈夹类型主要有单开自锁式颈夹、双开自锁式颈夹和倾斜式颈夹。

1. 单开自锁式颈夹

　　主体支架结实稳固，动杆摆动灵活，操作锁定装置简单方便，整套牛颈夹为全组装式，结构合理，坚固耐用。当牛进行采食时可自动将其上锁，单开自锁式颈夹在锁定状态下，可将所有进颈夹的牛只全部锁住；在开启状态时，也可以实现牛只的全部或单只释放。

2. 双开自锁式颈夹

　　相对于单开自锁式颈夹，双开自锁式颈夹设计更为精良，标准开口，更加方便牛只进入，锁牛时间迅速，同时保证牛的安全。另外，当牛采食意外跌倒时，可以将颈夹动杆打开成倒"Λ"，从牛颈夹采食口下部出来。

3.倾斜安装式颈夹

属于单开自锁式颈夹和双开自锁式颈夹的创新升级设计，倾斜安装的牛颈夹，可以扩大牛的采食空间，显著提高牛采食的舒适度，并可以加大采食面积，方便牛只采食，从而更加符合牛的采食习惯。

三、带式饲喂系统

带式饲喂系统（图3-6）由主、副机头，饲喂带，牵引绳，循环托辊，分料仓和中控柜组成。带式饲喂系统占地面积小，噪声小，节省人力，可以按照预先设定好的速度给牛群送料，残料余料可以及时回仓，以便于妥善处理。

图3-6 带式饲喂系统

第四节　饲料加工设备

一、TMR 饲料搅拌机

　　TMR 饲料搅拌机（图 3-7）是一种可以使粗饲料、精饲料以及饲料添加剂均匀混合的新型设备，可以根据牛不同阶段的营养需要，实施不同的日粮配制方案，以达到科学饲喂的目的。TMR 饲料搅拌机分为立式和卧式两种，立式又分为固定式和牵引式，卧式又分为固定式和自走式。

　　TMR 饲料搅拌机的优点如下：

　　（1）能够直接将各种干草、秸秆、青贮饲料等粗饲料和精饲料进行混合搅拌。

　　（2）牵引式可以边移动边混合，直接在牛舍内撒料，省时省力；固定式效率高，运营成本低。

　　（3）配有称重装置，可根据实际情况设定添加量。

　　（4）饲料混合均匀度高，提高饲料利用率。

　　（5）降低劳动强度，提高生产效率。

　　（6）提高牛场空间利用率，适合多种规模的牛场。

图 3-7　TMR 饲料搅拌机

二、饲料粉碎机

　　饲料粉碎机（图 3-8）适用于玉米、大豆、稻谷等颗粒性饲料，还有干草、秸秆等粗饲料的粉碎，以增加饲料的表面积并调整粒度，便于牛群的消化吸收。

图 3-8　饲料粉碎机

三、TMR 精准饲喂系统

TMR 技术的关键技术之一是牛采食到的饲料与饲料配方一致，即理论配方、搅拌配方和采食配方三者一致。但 TMR 设备实际使用过程中发现，TMR 在制作过程中存在着配料和投料过程不易监管控制等问题，影响牛群营养均衡而造成牛奶产量和肉品质下降，人员操作过程和生产数据也模糊不清。

目前为解决以上问题，国内外牧场主要采用 TMR 精准饲喂系统。国内较有代表性的如司达特（北京）畜牧设备有限公司的数据传输可编程称重系统，该系统除了具有常规的准确称量、报警功能外，还能够在系统中进行配方和卸料方案的录入和设定，进行配方生产，尤其是称重仪表中的流程数据，如加料配方、卸料方案、位置及实际物料增减情况等，能够通过数据传输软件与计算机之间进行数据上传和下载，并与牛场管理软件兼容，进而实现了远程调用生产数据、直接查看牛群的饲料配方、了解牛群的饲喂数据等高级功能。牛场管理者可基于这些数据，分析牛实际营养情况，结合牛群生产数据，进一步调整牛群饲料配方，使生产更符合牛场实际需求，以获得更好的效益。此外，美国 DIGI-STAR 公司开发的 DIGI-STAR TMR Tracker 精准饲喂系统基于现代信息技术，将铲车、TMR 饲喂车、管理系统通过无线网络连接在一起，能够为养殖户提供管理饲料、提高效率和增加产量的整体解决方案。饲料组分、配方、生产群组和饲料搅拌器信息可由管理系统输入，并远程无线传输给驾驶室或饲料搅拌的指示器，同时饲喂过程信息回传给管理系统。因此，该系统能够实时跟踪 TMR 饲喂车的重量、饲料种类、不同圈舍牛的饲喂情况、人员操作准确度等信息，具有配方管理、饲料管理、圈舍管理、饲料仓库信息管理和饲喂过程监管等功能，并生成相关报表，用于指导和监管奶牛饲喂过程，从而实现肉牛的精准化饲喂。

第五节　粪污处理设备

一、固液分离机

固液分离机（图3-9）由机架、电机、减速装置、螺旋压缩蛟龙、筛网、进料口、溢流口、排水口等组成。固液分离机通过减速装置将动力传递给螺旋压缩绞龙，由配套的无堵塞液下泵将牛粪固液混合料提升送至牛粪固液分离机内，由螺旋压缩绞龙挤压并将其逐渐推向整机的前方，同时不断提高机器前缘的压力，迫使物料中的水分在压力的作用下挤出网筛，流出排水管。当牛粪中的含水率达到要求时，牛粪固料被排出机体。牛粪固液分离机的工作是连续进行的，其牛粪固液混合料不断提升至牛粪固液分离机体内，排出端的压力不断增大，当达到一定程度时，将出料口顶开并挤出挤压口，达到挤压出料的目的。为了控制出料的速度与含水量，可以调节主机前的调节装置，以达到合适的出料状态。

图3-9　固液分离机

二、智能清粪系统

智能清粪系统（图3-10）主要由电控系统、电机、刮粪板、换向轮以及链条等组成。该系统的工作原理是：电机带动链条以驱动刮粪板做往复运动，每台电机可以同时带动多个刮粪板，每个刮粪板也能够根据粪道的宽度调节尺寸，清洁多个粪道。

智能清粪系统的优点如下所述。

（1）自动记忆，实时监控，智能分析。系统在运行过程中，能够自动储存其行程轨迹、报警记录与故障记录。刮粪板在运行过程中，遇到行走的牛会自动停止并后退，当刮粪板运行3次都遇到牛时，就会自动报警并通知管理员，以确保牛的安全。

（2）速度可调，时间可控。智能清粪系统可以针对不同的牛群，在1 m/min到6 m/min的运行速度内任意调节。智能清粪系统的工作时间可以根据牛舍的实际作业时间来设定。

（3）紧张系统。紧张系统可以保持刮粪板的驱动链轮和链条间始终保持良好的配合度。刮粪板在运行过程中，会随着时间变化被拉伸，以保障设备的正常运行。

（4）维护成本低。智能清粪系统的每个部件都具有防腐防锈的功能。转角轮配有自动润滑系统。刮粪板采用整体热镀锌工艺制造而成，并且其控制系统配有防冻装置，当室温低于零度时，刮粪板就会自动除冰。

（5）保护牛舍地面。刮粪板与地面接触的部分装有防滑耐磨橡胶条，保护地面的同时也保证了粪道的洁净、干燥。

图3-10 智能清粪系统

第四章　肉牛的饲养管理

第一节　犊牛的饲养管理

一、犊牛的生物学特性

犊牛是指从出生至 6 月龄的小牛，在牧场实际生产中，将从出生到断奶的犊牛称为哺乳期犊牛，从断奶到 6 月龄的犊牛称为断奶期犊牛。犊牛出生后，生理机能经历巨大转变，由胎儿时期被动接受来自母体的营养物质，向主动采食牛乳和固体饲料的独立个体过渡。

（一）犊牛瘤胃发育与消化特点

初生犊牛消化器官尚未发育完全，只有皱胃是唯一发育且实际具有消化能力的胃。犊牛采食的牛乳受食管沟反射作用影响，不经过前胃而直接进入皱胃，并在皱胃和小肠中被消化吸收。随着日龄的增长和日粮结构、类型的改变，瘤胃形态与功能逐渐发育完全。瘤胃的健康、成熟发育，对提高后备牛饲草料利用率以及充分发挥生产潜力具有重要意义。

根据瘤胃发育情况，可将犊牛生长发育大致划分为三个阶段：非反刍期（0～3 周）、反刍过渡期（3～8 周）和反刍期（8 周后）。犊牛瘤胃微生物结构的建立大约需要 2 周时间，此后瘤胃发酵功能逐渐完善。随着日龄的增加，犊牛开始采食开食料和粗饲料，其中的粗纤维可刺激胃肠道，特别是瘤胃的发育，通过促进微生物在瘤胃中的定植，逐渐增强瘤胃对营养物质的消化吸收能力。瘤胃发酵产生的挥发性脂肪酸被瘤胃上皮组织消化利用，进一步促进瘤胃乳头的生长和发育，使得瘤胃代谢功能逐渐完善。

（二）犊牛肠道消化特点

新生犊牛的肠道容积占整个消化道的比例很大，随着日龄的增长和日粮结构、类型的改变，小肠所占比例逐渐下降，大肠比例基本不变，胃的比例大大上升，尤其是瘤胃。

新生犊牛消化酶系统发育不健全，胃蛋白酶的分泌数量少且分泌速度慢，对非乳蛋白的利用率低。2 周龄后蛋白酶的活性逐渐提高，4～6 周龄时，可以有效利用大多数的植物蛋白。这一时期犊牛生长发育所需的能量主要来源于脂肪和碳水化合物，犊牛可以有效消化乳脂等饱和脂肪，而对不饱和脂肪的消化效率较低。犊牛肠道内存在的乳糖酶，难以利用除乳糖外的其他碳水化合物。2 周龄后，随着麦芽糖酶和淀粉酶活性的快速增强，此时犊牛可利用淀粉中的能量。

（三）犊牛免疫系统发育特点

一方面，与成年牛相比，犊牛体内免疫 T 细胞和免疫 B 细胞比例较低。嗜中性粒细胞功能较弱，且产生抗体、细胞因子和补体的功能较弱。另一方面，由于母牛绒毛膜胎盘的特殊结构阻碍了免疫球蛋白从母体循环系统传递到胎儿循环系统，导致初生的犊牛无法被动获得免疫球蛋白以抵抗感染，因此初乳的摄入对初生犊牛至关重要。初乳中含有大量的免疫球蛋白以及多种免疫因子。同时初乳中也含有多种抗菌物质，从而为犊牛提供非特异性保护。

二、犊牛护理

（一）接产与助产

1. 产前准备

当母牛出现乳房膨大、来回走动、频繁起卧、"塌胯""回头顾腹"等征兆时，表明母牛即将临盆。应提前做好接产准备，为母牛提供洁净舒适的产房，并保证接产工具和消毒试剂齐备。产房应保持光线充足、通风、干燥。母牛在分娩前 10～15 d 可转入产房，母牛转入产房前需预先将房舍打扫干净，用 4% 氢氧化钠溶液或 1：2 000 的百毒杀喷洒舍内、干草垫等进行适当消毒。接产工具需提前经过灭菌处理，防止感染和炎症的发生。对母牛外阴、尾根、后躯及四肢进行清洗消毒，可使用 0.5% 新洁尔灭或 0.1% 高锰酸钾轻柔擦拭。

2. 接产

母牛分娩过程可分为三个时期，即开口期、胎儿排出期和胎衣排出期。开口期时，母牛右侧卧，羊膜囊露出 15 ～ 20 min 后，犊牛胎儿前蹄顶破胎膜，羊膜破裂时应用洁净水桶接收羊水，以便产后给母牛灌服，可预防胎衣不下。接产人员用两手牵拉胎儿前肢，稍用力并与母牛努责节奏一致，以便胎儿顺利产出。

犊牛产出后，正常情况下母牛会自行舔舐犊牛体表黏液，母牛的舔舐行为可增进母子感情，帮助犊牛初步建立肠道菌群。如发现犊牛呼吸受阻，应立即用清洁纱布清理口鼻部黏液，确保呼吸顺畅。可抓住犊牛后肢使其倒立，轻拍胸背部，促使黏液尽快流出。如脐带自行断裂，应使用 5% 碘酊涂抹断端消毒；如不能自行断裂，可在距犊牛腹部 6 ～ 8 cm 处，用灭菌手术剪剪断，断脐无须特意结扎，通常可自行脱落。

3. 助产

当母牛发生阵缩、努责微弱，应进行助产。胎儿产出正位时，通常为两前肢和头部先出或两后肢先出。其余情况均为难产，包括一肢在前、一肢在后、两肢均在后、横卧位、坐位等。发生难产时，兽医或助产员应将胎儿推回子宫内，矫正胎位后再拉出，不可在胎位不正时进行助产，防止损伤母牛产道。助产时，可用消毒绳缚住胎儿两前肢系部，一人向母牛臀部后下方用力拉出，一人双手护住母牛阴唇及会阴避免撑破。胎头拉出后，应降低牵拉力度，减缓动作节奏，防止子宫内翻或脱出。胎儿腹部产出后，轻压胎儿脐孔部，防止脐带断裂，并适当延长断脐时间，使胎儿获得充足血液。

母牛分娩结束，一般经 6 ～ 12 h 后，子宫重新努责，排出胎衣，如胎衣不能正常排出，为胎衣不下，此时应及时进行人工剥离。

（二）初乳与常乳饲喂

1. 初乳管理与饲喂

母牛胎盘的特殊结构使得犊牛被动免疫活动完全依赖初乳的摄入，尽快饮用初乳对降低犊牛疾病与死亡风险至关重要。研究表明犊牛在出生后最初几小时对免疫球蛋白的血液吸收率最高可达到 25% ～ 30%。保证初乳质量同等重要，正确的初乳管理对犊牛健康非常重要。按照储存方式的不同，可将初乳分为冷冻乳、冷藏乳和新鲜初乳。通常初乳在 4℃ 冰箱中存放时间不得超过 24 h，在 –20℃ 冰箱中可长期保存，但应注意不得存放时间过久，使初乳中细菌过量繁殖，犊牛摄入后易发生腹泻。饲喂冷藏、冷鲜乳前需进行加热或解冻，饲喂前初乳温度应保证在 37～39℃，冬季适当提高 1～2℃。饲喂新鲜初乳应将母牛乳房中前 3 把奶弃掉。

犊牛直接吮吸母牛乳头容易造成感染风险，母体携带的病原菌极易传递给犊牛导致犊牛染病。因此推荐使用初乳灌服器直接将初乳灌入犊牛真胃。初乳灌服器使用前后均应履行严格洗消制度。犊牛出生后 1 h 内灌喂 4 L 初乳，6 h、12 h、18 h 后分别灌喂 4 L 初乳。犊牛出生后 2～5 d 每日饲喂初乳 3 次，每次 4 L。采用正确的初乳管理与饲喂方法帮助犊牛建立被动免疫。

2. 常乳管理与饲喂

为降低犊牛应激，常乳管理应与初乳一致，做到："五定"原则：定时、定量、定温、定人、定质，严格控制常乳卫生、安全、质量及温度。对于新鲜常乳，可经过巴氏灭菌后再行饲喂，或直接饲喂高蛋白代乳粉。避免常乳中细菌含量过高，引起犊牛腹泻。同时尽量做到专人饲喂，不频繁更换饲养员。

犊牛出生 4 d 后可饲喂常乳，牧场可结合自身生产实际，采用奶瓶饲喂法、奶桶饲喂法、自动饲喂法和群体饲喂法等饲喂方法。犊牛饲喂常乳可至 90 d，每天饲喂 2～3 次。若牛场施行早期断奶，可将常乳饲喂时间缩短至 40～50 d。15 日龄内犊牛每天饲喂 3 次常乳，之后每天饲喂 2 次，1 月龄以上每天饲喂 1 次，常乳每次饲喂量为 4 L。

三、早期断奶

传统饲养中，犊牛的哺乳期一般为 3～6 个月。为了使犊牛更早适应固态饲料，促进消化器官的发育，降低饲养成本，现代集约化养殖通常实行早期断奶。若早期断奶施行不当，容易造成犊牛采食量下降、生长发育受阻、体况消瘦，导致腹泻甚至死亡，严重危害犊牛健康。

（一）断奶应激

断奶应激同时影响幼畜的先天性免疫和获得性免疫。由于无法继续从母乳中获得免疫球蛋白和谷胱甘肽过氧化物酶、溶菌酶等酶类，导致自身获得性免疫功能降低，抗病能力下降，患病风险升高。断奶后犊牛血液中的淋巴细胞数、中性粒细胞数、红细胞数和血小板数显著降低。犊牛断奶后饲料结构发生巨大改变。断奶后,结构性碳水化合物代替乳糖和乳脂,成为主要的能量来源。幼畜体内淀粉酶和脂肪酶含量不足,对植物来源饲料消化不良。这种消化方式的转变也会影响肠道微生物的组成和功能的发挥,从而引起肠道菌群紊乱。为降低犊牛死亡率,减少牧场收益损失,实施正确的断奶策略是缓解断奶应激的关键。

（二）早期断奶策略

早期断奶技术对于肉用犊牛消化系统的健康发育非常重要,肉用母牛泌乳能力较弱,及早为犊牛补饲开食料可以弥补乳汁饮食不足,减少对鲜奶的消耗,降低犊牛养殖成本。在美国,70%的牧场在犊牛7周龄前后施行断奶,仅25%的牧场在犊牛9周龄以上才施行断奶。

断奶时间不当会引起犊牛应激反应,严重影响犊牛的生长发育。因此,犊牛断奶时间的选择应根据犊牛的实际发育状况、综合采食量、体重以及犊牛的健康状况而定,尽量减少断奶应激造成犊牛生长迟缓和抵抗力下降。犊牛应采取阶段式断奶方法,不宜"一刀切",推荐的断奶参考标准包括采食量标准和体重标准。当犊牛开食料采食量达到750 g/d,或开食料采食量连续3 d达到1～1.5 kg,干物质采食量达到500 g/d时施行断奶。另外,体重达到初生重2倍可作为另一断奶衡量标准。在生产过程中,也可综合考量日龄、体重和精料采食量来确定犊牛的断奶时间。犊牛达到60日龄,体重为出生体重的2倍,且日均精料摄入量超过1.2 kg时,则认为犊牛达到断奶标准。

一般犊牛采食训练可在出生后1周通过人工诱导进行,即犊牛吸吮乳汁后,可在奶桶上或犊牛嘴角涂抹少量饲料,初始采食量约为15 g/d。第一次饲喂后,观察犊牛粪便情况,如无异常,逐渐增加日饲喂量。犊牛30日龄日采食量可提高至200～300 g/d,60日龄可提高至500 g/d。一般犊牛日采食量达到500 g/d时即可断奶。

四、犊牛的日粮饲喂

（一）饲喂方法

（1）饲喂精料。犊牛出生1周后可开始提供开食料,可将开食料适当加热煮熟后饲喂犊牛。

（2）饲喂干草。补饲牧草可促进犊牛反刍。饲养员可在犊牛出生一周后在饲料槽中放入少量优质干草，让犊牛自由采食。

（3）饲喂青贮料。由于青贮饲料的原料多为玉米秸秆或全株玉米，与绿色多汁饲料或优质干草相比，3月龄内犊牛的瘤胃消化功能并不完善。过早饲喂青贮饲料容易增加瘤胃负担，引起瘤胃胀气或瘤胃酸中毒。犊牛一般在出生后70 d饲喂青贮饲料。开始时，每日饲喂量为0.1～0.15 kg，3月龄时逐渐增加到1～1.5 kg/d，6月龄时逐渐增加到4～5 kg/d。

（二）饮水

犊牛出生一周内应确保充足饮水，保持饮水来源安全、清洁卫生。夏季饮水温度控制在37～39℃，冬季饮水温度可提高至40℃左右。犊牛饮水量为干物质摄入量的5～6倍，犊牛断奶后，应提高饮水量6、7倍供应。犊牛不饮水可采用人工诱导方式，在水中加入少量乳汁以诱导采食。

五、犊牛饲养环境管理

犊牛免疫功能尚未发育健全，极易受到冷、热应激影响，环境耐力较弱，容易受到外界病原菌侵蚀。因此，控制犊牛舍内温湿环境和卫生状况对犊牛的健康成长和未来生产潜力的发挥具有重要意义。牛舍应做到每天杀菌消毒。同时保证舍内空气质量良好，光线充足。由于我国南北方气候存在明显差异，建筑结构与材质保暖保湿效果不一致，犊牛舍的环境管理应结合牧场自身环境特点因地制宜。研究表明，畜棚温度不低于10℃，夏季控制在27℃以内，相对湿度设定在55%～80%的舍内环境最适合犊牛生长。寒冷季节可增加衬垫厚度保暖。及时清理地面粪污，防止污染物积聚，造成有害气体增加，污染舍内空气。

第二节　育成期饲养管理

一、育成牛的生物学特性

育成牛是指断奶后到配种前这一阶段的牛群，0.5～1岁前称小育成牛，

1～1.5岁称大育成牛，1.5～2岁称青年牛。育成牛性器官和第二性征逐渐发育成熟，1岁时已基本达到性成熟。同时消化系统也逐渐发育完全，瘤胃、网胃、瓣胃和皱胃体积基本与成年牛一致。育成牛的适时管理能让其顺利发情，为降低母牛难产率并提高后代成活率，在育成牛饲养过程中应注意控制体重和体形，过高的体脂含量将危害育成牛自身及后代健康。

育成牛对蛋白质的利用率和转化成优质蛋白的能力较成年肉牛低。育成期肉牛的主要研究目标之一应是增加肌肉中蛋白质含量和日粮氨基酸的利用效率，同时提高能量利用效率。

二、断奶后育成牛饲喂

新鲜牧草可以为育成牛的健康生长提供各种必需营养素，在牧草生长阶段内，基本可以保障牧草的供应，但晚季牧草成熟期晚，由于水分损失和可能受积雪覆盖等原因导致品质降低。在新鲜牧草生长期以外或供应不足时，需要通过补饲干草来保障育成牛的营养需要。优质的紫花苜蓿可以一定程度上弥补缺乏的蛋白质和维生素，也可以将干草和紫花苜蓿混合后再行饲喂。

（一）干草和谷物类饲料的饲喂

6～12月龄是育成牛生长发育最快的时期，由于瘤胃已基本发育完全，反刍功能也基本发育完全。此时应增加青粗饲料的供给，进一步刺激瘤胃的发育。对于育成牛来说，日粮中70%的干物质来源于青粗饲料的摄入，一头适龄育成牛每天的牧草需要量为体重的2.2%～2.4%，如一头体重为318 kg的育成牛可摄入7 kg左右的牧草，保证充足的牧草供应已基本可满足其营养需求。新鲜牧草、干草和紫花苜蓿混合饲喂可以提供充足的蛋白质，为了获得理想的饲料利用率可在早晚都饲喂。育成牛总日粮中适宜的蛋白质量应为12%～13%，如不能保障供应充足的紫花苜蓿，应保证每头牛每天0.34～0.57 kg的蛋白质摄入量。

虽然育成期犊牛生长发育迅速，适当增加饲料的供应是有必要的，但应注意控制能量供应不宜过高，过量的能量供应会使其成年后体形过肥，过量的脂肪堆积在母牛骨盆区域可能引发母牛难产，脂肪沉积在乳房部位可能导致母牛产奶量下降，不利于后代犊牛的健康发育。应注意控制日增重不能超过0.9 kg，发育正常时12月龄育成牛体重可达280～300 kg。

在牧草正常供应的情况下，无须额外补饲谷物类饲料，当牧草供应不足或牧草价格较高时，可以选用谷物类饲料代替一部分牧草，通过饲喂干草、谷物类饲料和蛋白质补充剂，保障育成牛生长发育对蛋白质的需要。具体饲喂量可以参照对应生长阶段的肉牛营养需要量计算得之，并注意防止营养过剩。

（二）饮水

由于冬季寒冷，应提供水温 18℃ 左右的温水供牛群饮用。水温过低会降低牛群饮欲，导致饮水量不足，还会造成冷应激，长时间不反刍，消耗原有的体能来维持体温平衡，降低牛自身抗病力。

三、育成后期育成牛饲喂

（一）饲喂

12 ～ 18 月龄育成牛发育迅速，8 ～ 10 月龄时已开始出现发情情况。牛群育成期间的生长发育速度可影响首次发情时间和发情期体重，从而影响未来繁殖性能的发挥。平均日增重高的小牛在首次发情时体重更重，发情年龄更小。

对育成期牛进行适当的饲养管理可以保障其健康发育且不会发胖。以一头断奶体重为 227 ～ 238 kg 的犊牛为例，为使遗传潜力得以发挥，在繁殖年龄（约 14 月龄）时应达到 340 ～ 363 kg 体重，每日摄入的牧草量应至少为 0.54 ～ 0.82 kg。育成结束后，母犊牛体重达到 321 ～ 347 kg，公犊牛体重达到 378 ～ 385 kg。犊牛断奶后公母分群饲养，并依照现行《中国肉牛饲养标准》进行补饲，12 ～ 14 月龄转入成年牛群，不再补饲。在牧草供应量充足的前提下，大部分的牛只在育成后期都可以达到理想体重，若牧草有限或质量不佳导致牛群生长发育缓慢时，可以向日粮中补充一定的谷物类饲料。在育成后期应注意观察牛体形发育是否健康，如腹部是否圆润，看不见肋骨还是腹部干瘪，可清晰看到最后一根肋骨。这一阶段的小牛不应观察到明显消瘦，随着牛月龄的增加，应逐渐增加饲草料供应。在冬季寒冷季节可能需要翻倍增加饲草供应量。

育成牛初次配种时间很关键，过早配种会降低母牛的受孕率并增加胚胎在孕间死亡的概率；而延迟发情又不利于生产性能的发挥，额外增加养殖费用。因此母牛最适宜的配种年龄和体重为：在其 15 月龄时当母牛体重达到

340 kg 时，可以进行配种。

（二）饮水

牧场在任何时候都要保证充足的水源供应。天气凉爽时，一头 227 kg 的小牛每天需要 8 ～ 23 L 水，一头 340 kg 的公牛需要 38 ～ 57 L 水，一头 454 kg 的公牛需要超过 76 L 水。天气炎热时，牛通过蒸发和呼吸导致体内水分流失，必须喝更多的水来弥补损耗。

第三节　育肥期饲养管理

一、育肥牛的生物学特性

肉牛在生长期间，其身体各部位、各组织的生长速度是不同的。每个时期有每个时期的生长重点。早期的重点是头、四肢和骨骼；中期则转为体长和肌肉；后期重点是脂肪。肉牛在幼龄时四肢骨生长较快，以后则躯干骨骼生长较快。随着年龄的增长，肉牛的肌肉生长速度从快到慢，脂肪组织的生长速度由慢到快，骨骼的生长速度则较平稳。内脏器官大致与体重同比例发育。在肉牛生产中，与经济效益关系最为密切的是肌肉组织、脂肪组织和骨骼组织。

肌肉与骨骼相对重之比，在初生时正常犊牛为 2∶1，当肉牛达到 500 kg 屠宰时，其比例就变为 5∶1，即肌肉与骨骼的比例随着生长而增加。由此可见，肌肉的相对生长速度比骨骼要快得多。肌肉与活重的比例很少受活重或脂肪的影响。对肉牛来说，肌肉重占活重的百分比，是产肉重的重要指标。

脂肪早期生长速率相对缓慢，进入育肥期后脂肪增长很快。肉牛的性别影响脂肪的增长速度。以脂肪与活重的相对比例来看，青年母牛较阉牛肥育得早一些、快一些；阉牛较公牛早一些、快一些。另一影响因素就是肉牛的品种，英国的安格斯肉牛、海福特肉牛、短角肉牛，成熟早、肥育也早；如欧洲大陆的夏洛莱牛、西门塔尔牛、利木赞牛成熟得晚，肥育也晚。

根据上述规律，应在不同生长期给予不同的营养物质，特别是对于肉牛的合理肥育具有指导意义。即在生长早期应供给青年牛丰富的钙、磷、维生素 A 和维生素 D，以促进骨骼的增长；在生长中期应供给丰富而优质的蛋白质饲料和维生素 A，以促进肌肉的形成；在生长后期应供给丰富的碳水化合物饲料，以促进体脂肪沉积，加快肉牛的肥育。同时还要根据不同的品种和个体合理确定出栏时间。

二、过渡期的饲养管理

肉牛在进入正式育肥前都要进入过渡期，让牛在过渡期完成去势、免疫、驱虫以及由于分群等原因引起的应激反应得以很好的恢复。肉牛在过渡期的饲养目的还包括让其胃肠功能得以调整，因肉牛进入育肥期后，日粮变为育肥牛饲料，并且饲喂方式由精料限制饲喂过渡到自由采食，为了使其尽快适应新的饲料、新的环境以及饲养管理方式，过渡期的饲养非常重要。在这一时期肉牛仍以饲喂青干草为主，饲喂方式为自由采食，同时可限制饲喂一定量的酒糟。依据肉牛的体重和日增重来计算日粮饲喂量，做好精料的补充工作，精料采食量达到体重的 1% ～ 1.2%。

三、育肥期的饲养

（一）育肥前期的饲养

育肥前期为肉牛的生长发育阶段，又可称为生长育肥期，这一阶段是肉牛生长发育最快的阶段。所以此阶段的饲养重点是促进骨骼、肌肉以及内脏的生长，因此日粮中应该含有丰富的蛋白质、矿物质以及维生素。此阶段仍以饲喂粗饲料为主，但是要加大精料的饲喂量，让其尽快适应粗料型日粮。粗料的种类主要为青干草、青贮料和酒糟，其中青干草让其自由采食，酒糟及青贮料则要限制饲喂。精料作为补充料饲喂时，其中的粗蛋白含量为14% ～ 16%，饲喂时采取自由采食的方式，饲喂量为占体重的 1.5% ～ 2%，为日粮的 50% ～ 55%。

（二）育肥中期的饲养

肉牛在育肥中期骨骼、肌肉以及身体各项内脏器官的发育已经基本完全，内脏和腹腔内开始沉积脂肪。此时的粗饲料主要以饲喂麦草为主，饲喂量为每天每头 1 ～ 1.5 kg，停喂青贮料和酒糟，同时控制粗饲料的采食量。精料作为补充料，粗蛋白质的含量为12% ～ 14%，让肉牛自由采食，使采食量为体重的 2% ～ 2.2%，为日粮的 60% ～ 75%。

（三）育肥后期的饲养

育肥后期为肉牛的育肥成熟期，此时肉牛主要以脂肪沉积为主，日增重明显降低，这一阶段的饲养目的是通过增加肌间的脂肪含量和脂肪密度，改善牛肉品质，提高优质高档肉的比例。粗饲料以麦草为主，每天的采食量控制在每头 1 ～ 3 kg，精饲料中粗蛋白质的量为 10%，让其自由采食，精料的比例为日粮干物质的 70%，每天的饲喂量为体重的 1.8% ～ 2%，为日粮的80% ～ 85%。要注意精料中的能量饲料要以小麦为主，控制玉米的比例，同时还要注意禁止饲喂青绿饲草和维生素 A，并在出栏前的 2 ～ 3 个月增加维生素 E 和维生素 D 的添加量，以改善肉的色泽，从而提高牛肉的品质。

用高精料育肥肉牛时，精料容易在瘤胃内发酵产酸引起酸中毒，可在精料中添加碳酸氢钠 1% ～ 2%，添加油脂 5% ～ 6%，以抑制瘤胃异常发酵。若青贮饲料酸度过大，会引起酸中毒，可使用 5% ～ 10% 的石灰水浸泡，以中和酸度。

（四）饮水

牛每采食 1 kg 饲料干物质，需要饮水 5.5 kg，若是在气温较高的季节，饮水量还要增加。因此，要保证育肥期牛能随时喝上清洁的饮水，没有设置自动供水设备的养殖场，每天应供水 3 ～ 4 次。冬季要使用温水，不能使用冰水。

四、育肥期的管理

（1）对肉牛进行育肥前要对牛群进行合理的分群。分群要根据肉牛个体的生长发育情况，按照不同的品种、年龄、体重、体质等进行分群，每群以10 ～ 15 头为宜。在育肥过渡期结束后，或者肉牛生长到 12 月龄左右时就要完成大群向小群的过渡，在以后的育肥过程中尽量不再分群、调群，以免产生应激反应，影响生长发育和育肥效果。

（2）在育肥的过程中要定期进行称重。一般每两个月称重一次，同时测量体尺，做好记录，以充分了解肉牛的育肥情况，便于及时调整饲料和饲喂方法，加强成本核算，提高管理水平，以达到最佳育肥效果。因不同生长育肥阶段对日粮的营养需求不同，因此需要根据需求更换饲料，但是要注意在换料时要有 7 ～ 15 d 的换料过渡期，让肉牛的胃肠有一个调整的过程，以免发生换料应激影响肉牛健康。

（3）做好肉牛疾病的预防工作。除了要在隔离期以及过渡期对牛群进行驱虫外，在育肥过程中也要定期对肉牛进行预防性驱虫，包括体内及体外寄生虫的驱除工作。在驱虫后要将粪便堆积发酵，杀灭虫源。保持牛体清洁卫生，做好牛舍环境卫生的清扫工作，保持牛舍清洁干燥，定期使用消毒剂对牛舍、用具等进行消毒，根据本场的免疫计划做好免疫接种工作。

第四节　繁殖母牛的饲养管理

一、繁殖母牛的生物学特性

饲养肉用能繁母牛的目标：一是以合理的成本保障产后犊牛断奶时有90%的成活率，二是使母牛产后2个月有足够的活力备孕，使每头牛每年持续稳定生产一头犊牛。对处于非哺乳期的成熟繁殖母牛来说，满足必需的能量需要较之犊牛相对容易，包括主要的营养需求：能量、蛋白质、维生素A、钙、磷、钠和氯。个别情况下，可能会出现微量矿物质的缺乏，包括镁、铜、钴和硒，具体可参考能量需要规范。满足母牛的营养需要对维持母牛繁殖力至关重要。

哺乳期的日粮需求与非哺乳期的日粮需求不同，需要较高的能量水平，蛋白质、钙和磷的水平几乎翻倍，但维生素A没有变化。

二、繁殖母牛的饲喂

（一）妊娠前中期的饲喂

肉用繁殖期母牛的主要营养需求可分为四大类，即能量、蛋白质、矿物质、维生素。通过母牛的体型和产奶量这两个主要因素，区别空怀母牛或泌乳母牛的营养需求。例如，一头550 kg的成熟怀孕牛（非哺乳期）在怀孕中期应至少消耗9.5 kg的饲料，其中含有5.4 kg的总消化养分（TDN）、657 g粗蛋白质、18 g钙和磷以及29 000 IU的维生素A。通过饲喂优质干草并补饲维生素已可以满足基本营养需要。

1. 能量

Houghton 等（1990）就能量水平对成熟肉牛繁殖性能的影响进行了深入研究。利用夏洛莱 – 安格斯轮回杂交的成熟肉牛为研究对象，评估了包括产前和产后的能量摄入、身体状况、难产（产犊困难）、母牛的哺乳状况以及再配种的时间长度。日粮配方符合 NRC 要求且蛋白质、矿物质和维生素水平一致，只研究能量水平。能量水平设定为：①妊娠期维持（100% NRC）；②妊娠期减重（70% NRC）；③泌乳期增重（130% NRC）和④泌乳期减重（70% NRC）。母牛产前或产后的日粮能量摄入对犊牛的表现有明显的影响。与喂养 100% 维持能量的母牛相比，妊娠低能量日粮（70% NRC）导致出生时和 105 日龄的犊牛较轻。产后能量摄入对增重的影响效果相同，导致 105 d 的犊牛体重增加 15 kg。分娩时母牛的身体状况还有助于减少产后发情间隔的长度，提高受孕率。

2. 蛋白质

在母牛怀孕 180 d 至妊娠结束期间，需要 7% ～ 8% 的蛋白质，牛在妊娠的最后 3 个月内蛋白质摄入不足易引发弱犊牛综合征。550 kg 的母牛消耗 10.2 kg 干物质，需要 790 g 蛋白质，约占日粮干物质的 7.75%。对于初产母牛需要更多的蛋白质，最高可达 9.5%。此外，在哺乳期内，小母牛和成熟母牛都需要更多的蛋白质；产奶能力强的母牛（每天产奶 10 kg）需要 11% ～ 14% 的日粮蛋白质，而挤奶能力一般的母牛（每天产奶 5 kg）仅需要 9% ～ 11% 的蛋白质。两岁的小母牛在日粮中需要 10% ～ 12% 的蛋白质。同时，不过度饲喂蛋白质和饲喂足够的蛋白质一样关键。

3. 矿物质与维生素

在大多数饲养条件下，满足母牛对矿物质的日常需要并不难，特别是补充矿物质预混料时。在某些情况下，可能需要额外提供一种或多种矿物质，例如当地土壤特别缺乏某种矿物元素、牧场钾元素含量过高或母牛患"草食症"（或相对缺镁）时需每天额外补充 28 g 的氧化镁。

对无法获得青饲料越冬的母牛，应补充维生素 A。可在 10 月或 11 月，通过皮下或肌肉注射维生素 A 来实现。目前尚未发现母牛群有补充其他维生素的必要。

（二）妊娠后期的饲喂

肉牛在妊娠期的营养方案关乎胎儿的生长、器官发育和胎盘功能，从而影响犊牛健康、生产力和未来繁殖性能的发挥。Cu、Mn 和 Co 是牛胎儿神经、生殖和免疫系统充分发育的必需微量元素，如果母体供应不足，胎儿的发育和出生后的表现可能会受到影响。研究表明，在妊娠后期给安格斯 × 赫里福德肉牛补充有机或无机来源的 Co、Cu、Zn 和 Mn，有效地提高了犊牛肝脏中 Co、Cu 和 Zn 的含量，断奶后至屠宰前增重较对照组增加 20 kg，且有效减少了牛患呼吸系统疾病的概率。在妊娠后期，用基于等量的 ω–3 和 ω–6 的瘤胃保护型挥发性脂肪酸混合物来补充饲喂的肉牛，虽不会直接改善母牛的性能表现，但对后代的表现、健康和免疫参数具有积极影响，并增加了后代胴体大理石纹，具有改善后代肉质的效果。

三、配种

小母牛是肉牛养殖成功的关键。高产的母牛群为牛肉的稳定持续供应提供了重要保障，随着成熟母牛的衰老和生产力的降低，必须要有稳定的替代牛群填补被淘汰母牛的位置。为使母牛健康发育，使其达到最佳怀孕率，生产者可应用同期发情和人工授精技术，这些措施可以在不影响繁殖性能的情况下帮助生产商减少资金和劳动投入。

（一）发情期管理

同期发情的优势意味着：更均匀的产犊，缩短产季和更紧密的产季分布。更多的犊牛在产季早期出生，有利于非发情期动物的恢复或进入下一轮发情循环。与人工授精相结合，发情同步使生产者能够将所需的劳动和时间整合到短短的几天内。

1. 激素变化

与任何复杂的生理系统一样，理解母牛发情周期的最好方法是首先研究与周期有关的单个机制，即激素，然后结合单个激素来理解整个系统。对大部分发情期母牛来说，排卵发生在第 1 d。牛的发情周期可划分为两个阶段，黄体期和卵泡期。黄体期持续 14 ～ 18 d，以黄体的形成为特征，分为发情期和绝育期。卵泡期持续 4 ～ 6 d，标志为黄体回缩后的时间，将这一阶段又分为发情期和动情期，一头牛的发情周期大约为 21 d，但也可能在 18 ～ 24 d。

"发情"被定义为从破裂的卵泡中形成黄体（CL），随着发情期的增长，小型和大型黄体细胞产生孕酮，为怀孕或新的发情周期做准备，因此孕酮的浓度增加。排卵前 2 d 和排卵后 3 d，孕酮浓度较低，从第 4 d 开始逐渐增加，到第 10 d 达到高峰。

雌激素浓度从第 19 d 开始增加,在卵泡期内第 20 d 达到最大值,雌激素由卵巢中卵泡的颗粒细胞分泌;随着卵泡的生长,产生的雌激素数量增多,当雌激素浓度升高与黄体溶解后孕酮浓度下降相吻合时,则触发促性腺激素释放激素(GnRH)的激增。

促黄体激素(LH)的基础浓度从排卵到第 5 d 都存在,第 6 ~ 10 d 浓度增加,第 11 ~ 13 d 低于基础水平,此后再次增加,导致 LH 在第 20 d 出现排卵前的激增,并且排卵前的 LH 峰值发生在观察到发情的几个小时后,平均持续时间为(7.4±2.6)h。

1977 年科学家首次报道了促卵泡素(FSH)浓度的波浪函数,指出峰值在第 4 d、8 d、12 ~ 13 d、17 d、18 d 和 20 d,在这些 FSH 峰值出现时,卵泡生长增强。第 18 d FSH 峰值的出现与孕酮的减少相吻合,并提出这些相反趋势的浓度可能会诱发最终的卵泡生长。

总而言之,成熟母牛的下丘脑 – 垂体 – 性腺(HPG)轴以线性方式运作,由下丘脑产生的 GnRH 作用于垂体前叶,刺激 LH 和 FSH 的产生,从而作用于卵巢。卵巢上的卵泡发育和生长,产生越来越多的雌激素;雌激素正反馈给下丘脑,产生更多的 GnRH。卵泡排卵后,CL 形成并分泌孕酮,孕酮对下丘脑有负反馈作用,抑制其对促性腺激素的刺激。

2. 提前发情

初情期的建立是母牛一生生产力的基石。在 24 月龄前受孕并产下第一头小牛的母牛往往更具有繁殖力优势,因此,小母牛必须在 15 月龄时怀孕,只有达到发情条件的母牛才能受孕。鉴于达到发情期的重要性,研究者们已开发了一系列方法加速初情期的到来,包括遗传选择、营养调节和孕激素调节。

利用早期断奶和高精饲料可以成功诱导小母牛的性早熟。研究表明,母牛群在第 26 d 时供应开食料,第(73±3)d 时提前断奶,并在断奶后饲喂 60% 的全壳玉米,NEm 含量为 2.02 Mcal/kg(1Mcal≈4.184 MJ)的高浓缩日粮,成功诱导了 9 头母牛中 8 头出现性早熟。

孕激素可以加速青春期前小母牛的青春期开始。夏洛莱和海福特的后代杂交母牛在 12.5 月龄时,注入以孕激素为基础的去甲孕酮可诱导初情。

3. 同期发情

当母牛接近发情期,有 3 种主要的方法可以控制发情周期:①使用前列腺素（PG）使现有的 CL 回退；②使用 GnRH 使新一轮的卵泡同步和 / 或启动排卵；③使用孕激素调节 CL 的释放时间。

（1）PG。在牛发情周期的第 5 d 后给药，PG 能有效地抑制发情。CL 可导致孕酮浓度在 24 h 内下降到基础浓度。在发情周期的早期，没有 CL 出现时，使用 PG 是无效的。PG 的效果取决于注射时黄体期的阶段，黄体期中期（第 10 ～ 14 d）和晚期（第 15 ～ 19 d）发情同步性增加。这是由于随着 CL 的成熟，CL 对 PG 的敏感性增加。此外，在黄体期的后期，来自子宫的内源性 PG 增加，在第 15 d 开始产生 PG，额外增加 PG 的外源剂量对母体不利。

（2）GnRH。GnRH 刺激垂体前叶内源性 FSH 和 LH 的释放。由于牛卵巢上没有 GnRH 受体，GnRH 通过 FSH 和 LH 分别刺激卵泡生长和排卵。GnRH 的作用是诱导黄体期雌性个体的排卵，如果卵泡已经处于闭锁状态，GnRH 无法发挥作用。因此，GnRH 可用于启动新一轮的卵泡，这增加了在给予前列腺素裂解 CL 时存在优势卵泡的可能性。在 PG 注射引起 CL 溶解后，第二次 GnRH 注射使所有同步化卵泡排卵。这种利用 GnRH 的同期发情方案优于以前利用两次注射 PG 的方案，可以更精确地确定排卵时间。

（3）醋酸甲烯雌醇（MGA）。MGA 最早作为孕激素饲料添加剂用于饲喂母牛，以抑制发情和排卵，从而提高母牛的饲养效率和繁殖性能。抑制排卵的 MGA 最小剂量为 0.42 mg/d。如今开始被用于同期发情，MGA+PG 同期发情方案使母牛在 AI（Artificial insemination，AI）之前统一发生排卵，是一种成本低、效益高的母牛同期发情方法。

（二）固定时间人工授精

使用控制卵泡发育和排卵的方案，通常被称为固定时间人工授精方案（FTAI），其优点是能够应用辅助生殖技术，而不需要检测发情。这些治疗方法已被证明可行，易于农场工作人员执行，更重要的是，它们不依赖于发情检测的准确性。

基于 GnRH 的方案是已被广泛用于奶牛和肉牛的 FTAI。该疗法包括施用 GnRH 以诱导 LH 释放和优势卵泡排卵，1.5 ～ 2 d 后出现新的卵泡波。在第 6 d 或第 7 d 给予前列腺素 $F_{2\alpha}$ 以诱导黄体衰退，并给予第二次 GnRH 以诱导同步排卵。GnRH 第 2 次注射之后间隔 16 h 或 24 h 进行 AI。

在人工授精过程中，需要实施彻底的卫生消毒制度，避免细菌和微生物感染精液，影响精液质量，引起生殖系统疾病。授精前选择 2% 来苏尔溶液或 0.1% 高锰酸钾溶液彻底清洁外阴，并用干毛巾擦拭。授精人员要剪指甲涂润滑剂，手臂彻底消毒，并提前清理直肠内的粪便。使用授精枪进行人工授精时，授精枪45°角向上倾斜进入阴道，避开尿道口，再水平插入宫颈口。在左右双手配合到达授精部位后，在不同位置注射精液，然后收回授精枪。

第五节　肉用种牛的饲养管理

一、种公牛的生殖发育

（一）公牛初情期的调节

公牛发情期内一次射精的精子数约 5.0×10^7 个精子，活力大于10%。公牛发情期由下丘脑－垂体－睾丸轴调节，来自下丘脑的GnRH的脉冲式释放诱导LH和FSH释放，LH导致睾酮释放，随后在Sertoli细胞中转化为双氢睾酮和雌二醇。生精小管中高浓度的睾酮对正常的精子生成至关重要。

睾丸激素和雌二醇可下调GnRH的释放，特别是在发情期前的公牛。随着发情期临近，分泌GnRH的神经元对睾酮和雌激素的敏感性下降，同时GnRH、LH、FSH和睾酮的浓度增加，最终诱导发情。产生GnRH的神经元通过营养物质和瘦素、胰岛素样生长因子–I（IGF–I）、胰岛素和生长激素的浓度变化介导神经元反应。

（二）公牛生殖期内分泌和睾丸变化

公牛生殖系统的发育可划分为三个时期：婴儿期、青春期前和青春期。婴儿期（0～8周）的特点是促性腺激素和睾丸激素的分泌量低。然而，在青春期前（8～20周），促性腺激素的分泌会有短暂的增加（早期促性腺激素上升），同时睾酮也会上升。LH和FSH的浓度从4～5周开始增加，在12～16周达到峰值，然后下降，在25周达到最低点。LH增加影响性发育，与发情年龄成反比。促性腺激素在25周时的下降是由于睾酮的上升。青春期后的公牛，每个GnRH脉冲后都有促性腺激素和睾酮的脉冲式分泌。早期促性腺激素的上升对生殖发育至关重要。睾丸在25周前由前精原细胞、精原细胞、成年的Leydig细胞和未分化的Sertoli细胞组成。此后，睾丸的快速发育一直持续到发情期，生精小管的直径和长度明显增加，促使生殖细胞的增殖和分化，并推动成年Leydig细胞（30周）、Sertoli细胞（30～40周）

和成熟精子（32～40周）的发育。

二、种公牛的饲养

（一）营养对种公牛繁殖的影响

公牛早期营养对其生殖潜力的发挥具有深刻影响。与喂养100%能量和蛋白质的公牛犊相比，在10～30周内喂养能量和蛋白质维持需求量的130%的公牛犊在74周时睾丸重量和精子产量都有所增加。早期营养对初情期后公牛的有利影响归因于早期上升期LH分泌的增加。此外，由于早期限制性喂养的不利影响不能被青春期的营养补充所克服，所以早期营养预先决定了青春期的年龄、性成熟时的睾丸大小和精子生产潜力。因为促性腺激素的早期上升与IGF-I的同时增加有关，该激素可能参与早期促性腺激素上升的调节。此外，早期高营养的公牛睾丸体积较大。事实证明，睾丸的形态改善（即睾丸体积增大）加速了性成熟，并提高了日精子产量。因此，生命早期的补充营养大大改善了公牛未来的繁殖潜力。越来越多的人倾向于根据剩余采食量，即实际和预期饲料消耗量之间的差异（基于体重和增重率）来选择肉牛以提高营养效率。由于繁殖是低优先级的，因此具有负的剩余采食量（高饲料效率）遗传背景的公牛很可能会影响到生殖发育。

（二）种公牛的饲喂

1. 青春期前的饲喂

生命早期营养状况的改善会促进公牛性成熟，但此后对精液生产的潜在影响似乎有限。在31周龄前加强营养可以使公牛在青春期后的可采精子数量增加约30%。对于其他影响生育力的特征，如：解冻后的活力、体外受精（IVF）能力、活/死比都不受早期营养的影响。早期有研究表明：高营养水平，特别是高谷类饮食会对胚胎发育产生负面影响。这可能是由于公牛阴囊温度的增加造成的。因此饲喂青春期前公牛应注意控制饲料能量，既能保持公牛体质健壮，又要防止过肥，以免对繁殖力造成损害。

2. 青春期后的饲喂

在青春期前和青春期后的早期发育阶段，长期提供高能量、以谷物为基础的饮食不会对荷斯坦－弗里斯兰公牛的精液质量产生负面影响，但会导致阴囊脂肪度和表面温度的升高，饮食能量摄入的增加会导致阴囊脂肪和温度的增加。与低营养水平相比，为公牛提供高营养水平会降低性欲，且体重过重对运动能力有负面影响，易引起关节和蹄肢疾病的发生。日粮中过量的钙、磷含量也会诱发种公牛的脊椎骨关节强硬和变性关节炎。日粮中蛋白质的含量也可能影响公牛的繁殖力，公牛长期饲喂高蛋白质饲草，会导致公牛不育；研究表明公牛最佳日粮蛋白水平为 10.9% ～ 11.50%，蛋白质过低会降低精液品质。

三、种公牛的管理

1. 栓系

为防止种公牛的坏习气，小牛就要及时戴龙头牵引，10 个月大即可穿鼻环牵引，要经常牵引训练，养成其温顺的性格，防止伤人。

2. 经常运动

种公牛要经常运动，适当的运动可加强肌肉、韧带及骨骼的健康，防止肢蹄变形，保证公牛举动活泼、性欲旺盛、精液品质优良，防止种公牛过肥。

3. 称重

成年种公牛要每个季度称重 1 次，根据体重变化合理饲养，防止过肥或太瘦，影响精液品质。

4. 修蹄

种公牛的四肢和四蹄很重要，它影响公牛的运动和配种，饲养员要经常检查四蹄，发现病症及时治疗，种公牛一般每年修蹄 1 ～ 2 次。

5. 皮肤护理

种公牛每天要多次刷拭皮肤，清除公牛身上的尘土污垢，要经常进行药浴，防止虫蚁。

6. 睾丸及阴囊的检查和护理

睾丸的发育直接影响精子的品质，为促进睾丸发育，在加强营养的情况下，要经常进行按摩护理，注意睾丸卫生，定期冷敷，这不仅可以改善精液品质，还可以培育公牛的温顺性情。

7. 严格采精

在实际生产中，种公牛采精频率按牛冷冻精液国家标准执行，每周采精2次，成年种公牛一般情况下应进行重复采精1次，从而保证公牛的射精量和精子活力。采精时注意安全，不要伤害公牛前蹄。采精室要采用混凝土地面，防止公牛在爬跨过程中跌倒。

第五章　肉牛的营养需要及常用饲料

第一节　肉牛营养需要概述

牛肉作为肉类消费中的中高档产品，具有高蛋白、低脂肪、富含维生素和矿物质元素、氨基酸种类多且结构合理的优点。目前，牛肉已经成为我国居民消费的第三大肉类食品，仅次于猪肉和禽肉。因此，肉牛产业发展快、潜力大、市场前景广阔。肉牛作为国内畜牧业重要品种，还是全力推进乡村振兴、保障边疆稳定的重要民生产业，数年来肉牛产业不断扩大：2021年国内肉牛存栏量达9 817.25万头，增长率为2.7%；从出栏量看，我国肉牛出栏量稳步增长，2021年全国肉牛出栏量达4 707万头，较2020年增加142万头，增长3.1%。因此，面对日益增长的肉牛产业，首要任务是解决肉牛精准营养需要问题。

肉牛营养精准需求是现代牧场平衡日粮配方所必须的，营养不足会导致生长性能低下，甚至影响繁殖性能，过度养分供应会导致饲养成本以及氮排放的增加。为此各国专家根据实际情况制定出符合本国的饲养标准，如美国的国家研究委员会（NRC）与英国的农业研究委员会（ARC）。我国制定的《肉牛饲养标准》（NY/T 815—2004）在指导肉牛养殖生产中起到决定性的作用。总体来说，肉牛的生长发育离不开各种营养成分的供应，能量饲料为肉牛提供生命活动需要，蛋白质饲料是组成肉牛体内各器官的必需物质，维生素是肉牛正常发育、生产等活动所必需的小分子化合物。由于肉牛是反刍动物，所以其生长过程还需纤维供给来保证其正常反刍，避免代谢紊乱。除了以上四种必需的营养成分外，肉牛生长还需要矿物质的参与，它们能够帮助细胞正常代谢、促进肉牛生长发育、提高其生产性能。

干物质采食量（DMI）通常指肉牛在一定时间内采食饲料中干物质的总量，单位以 kg/d 表示。它的高低决定了动物健康和生产所需养分的数量，正确估计 DMI 是科学配制反刍动物日粮的前提，可防止养分供给不足或过剩、促进养分有效利用。规定肉牛干物质采食量是通过大量饲喂试验而确定的肉牛不同生产阶段的采食量，是某一阶段的平均采食量，一般情况随动物生长阶段呈阶梯式增加。肉牛干物质采食量受体重、增重水平、饲料能量浓度、日粮类型、饲料加工、饲养方式和环境条件的影响。

能量是肉牛维持必要生命活动（如心脏跳动、呼吸、代谢活动、维持体温、血液循环等）和生产活动（如增重、繁殖、泌乳等）所必需的。能量来自饲料中的碳水化合物、脂肪和蛋白质，但主要是碳水化合物。碳水化合物包括粗纤维和无氮浸出物，它在牛瘤胃中被微生物分解为 VFA、CO_2、CH_4 等，VFA 被瘤胃壁吸收，成为能量的主要来源。常用于肉牛的能量饲料大致分为三类，即禾本科籽实类、糠麸类以及块根块茎类等。禾本科籽实类有玉米、大麦、高粱、稻谷等；糠麸类有麸皮、米糠等；块根块茎类有甘薯、马铃薯等。通常来说，肉牛的能量需要可分为维持需要与生产需要。临界温度下拴系饲养牛的维持净能（NEm）需要量为 $0.277W^{0.75}$ MJ（$W^{0.75}$ 为代谢体重，kg），随意运动时增加 15%。肉牛主要以产肉为主，所以其生产的能量需要一般指的是增重的能量需要，一般以增重净能（NEg，单位 kJ/d）表示，$NEg=（2\,092+25.1W）\times ADG/（1-0.3ADG）$。其中，$W$ 为活重（kg），ADG 为平均日增重（kg/d）。

蛋白质是肉牛维持生命和进行生产活动不可缺少的重要物质，所摄取的蛋白质主要满足两个部分的需求：一是维持生命正常的生理活动，二是满足生长的需要，故此，肉牛蛋白质需要具体分为维持需要与增重需要。同时，现今牛肉品质需求以精肉嫩、脂肪少为原则，故对于生长期的犊牛及怀孕、泌乳期的母牛蛋白质需要量最多。瘤胃微生物蛋白（MCP）和饲料非降解蛋白（UDP）是肉牛蛋白质的主要来源。微生物蛋白是瘤胃微生物利用饲料中的蛋白和能量重新合成的蛋白质，其占进入小肠蛋白质比例的 40% ～ 80%。UDP 是未在瘤胃中降解而直接进入小肠消化的蛋白质。

肉牛日粮中粗饲料通常占 40% ～ 80%，含有丰富的粗纤维。粗纤维属难溶性碳水化合物，由于肉牛瘤胃的特殊性，对粗纤维有很强的消化分解能力，可作为肉牛主要的能量来源。粗纤维除了能提供能量及部分营养成分外，还能刺激咀嚼与唾液分泌、胃肠蠕动、调节胃肠道微生物区系和维持肉牛瘤胃环境，确保瘤胃的健康等。因此，在养殖生产过程中肉牛日粮中的植物纤维应占日粮的 35% 以上，如果粗纤维摄入量不足，会引起肉牛瘤胃异常发酵，瘤胃 pH 值下降，肉牛出现消化不良、酸中毒等问题。

肉牛的体内矿物质含量非常少，仅占体重 3% 左右，但具有重要的营养功能：主要是体组织生长和修补物质；维持骨骼发育；用作动物体矿物质的调节剂，调节血液、淋巴液的渗透压稳定等。肉牛至少需要 17 种矿物元素，包括 7 种常量矿物元素和 10 种微量矿物元素。由于部分微量元素具有拮抗作用，所以需要注意添加比例：包括钙磷比、镁钾钙比、铜硫比、铜铁比等。饲粮矿物元素生物学利用率是衡量其营养价值的重要指标。一般来说，以氧化物形式补充的矿物元素生物学利用率低于硫酸盐和氯化物形式，而铜、锰和锌的有机形态明显高于其相应的无机形态。肉牛养殖过程中补充矿物质的方法包括简单盐基预混料方式、微量元素舔块方式、蛋白质浓缩料方式以及全混合日粮方式等。

维生素对机体调节、能量转化和组织新陈代谢有着极为重要的作用。可分为脂溶性维生素（维生素 A、D、E、K）和水溶性维生素（B 族维生素和维生素 C）两类。许多天然饲料含有维生素 A 的前体物质和维生素 E，因此肉牛在自由采食饲草饲料时不需要额外添加，同时，维生素 K 可由瘤胃肠道微生物合成，通过紫外线照射肉牛皮肤可自然合成维生素 D，但随着肉牛饲养管理体系趋近于舍饲化，动物接触到的阳光越来越少，对维生素 D 的补充很有必要。对于水溶性维生素，瘤胃微生物大多可自身合成，而且普通饲料中这些维生素的含量都很高。肉牛对维生素的需要虽然很少，但对于维持其正常生命机能尤为重要：肉牛缺乏维生素 A 表现为夜盲或干眼病，生长发育受阻、繁殖机能障碍，食欲不佳，被毛粗乱、无光等；缺乏维生素 D 则表现为钙、磷代谢紊乱，出现佝偻病、骨质疏松、四肢关节变形、肋骨变形等；维生素 E 缺乏则会出现肌肉营养不良、心肌变性、繁殖性能降低等病症；维生素 C 缺乏可出现坏血病、出血、溃疡、牙齿松动、抗病力下降等。

第二节　犊牛、育成牛与育肥牛的营养需要

从出生到断奶采食干饲料，犊牛经历了巨大的生理和代谢变化。犊牛瘤胃在生命早期发育并不完全，其对营养物质的消化吸收与单胃动物相似，主要依靠小肠进行，由碳水化合物、蛋白质和脂肪组成的具有高消化率的液体饲料可以更好地满足犊牛的营养需要。为了刺激瘤胃发育，犊牛饲养提倡在

早期饲喂固体饲料，饲料中的碳水化合物经瘤胃发酵生成挥发性脂肪酸（如丙酸、丁酸）可刺激瘤胃上皮组织发育。

育成牛是指犊牛断奶后至第 1 胎产犊前这一时期的牛，育成牛处于生长发育阶段，此时期的营养调控关系到体型发育。而育肥牛可分为犊牛育肥、育成牛育肥和架子牛育肥。犊牛育肥的主要目的是生产犊牛肉，这种肉呈淡红色，味道鲜美多汁，胴体表面均匀覆盖一层白色脂肪，称为"白肉"，其蛋白质比一般牛肉高 27.2%～63.8%，脂肪比一般牛低 19～24 倍，人体所需的各种氨基酸齐全，是理想的高档牛肉。对于犊牛育肥，出生前 3 日采食初乳，随后采食常乳至 4 周龄，5 周龄采食草料并将其拴系限制运动，10 周龄日喂奶量为体重的 8%，并配合精料（玉米 42%、麸皮 25%、豆饼 15%、干甜菜渣 15%、磷酸钙 0.3%、食盐 0.2%）自由采食。育肥结束年龄为 6～8 个月，体重达 300～350 kg。育成牛育肥是指 6 月龄至 1 周岁阶段的肉牛，这时处在生长旺盛时期、育肥增重快、饲料报酬高。此种育肥方法是在犊牛断奶后立即转入育肥，使其日增重保持 1.2 kg 以上，1 周岁时即结束育肥，这时活重可达 400 kg。这种方法必须用大型肉用牛或我国良种黄牛的杂交后代牛，除喂以青绿饲料外，其精饲料配方为玉米 40%、麸皮 20%、棉饼 38%、食盐 0.5%。架子牛育肥所选用的牛一般生长发育已经停滞，产肉率低，肉质差，故在屠宰前都要经过一段时期的专门育肥，一般育肥时间控制在 50～60 d。

一、干物质采食量

肉牛需要采食大量饲料干物质才能满足自身维持需要和生长育肥需要。在肉牛健康、饲料营养均衡的前提下，干物质采食量的多少很大程度决定增重速度。

一般地，育成牛营养调控分为四个阶段：第一阶段为 3～6 月龄育成犊牛饲养，在此期间干物质采食量逐渐达到 4.5 kg/d；第二阶段为 7～15 月龄，属于个体定型阶段，身体生长迅速，此阶段以粗饲料为主，干物质采食量应逐步达到 8 kg/d，日粮蛋白质水平达到 13%～14%；第三阶段为 16 月龄至产前 2～3 周，青年母牛配种妊娠后生长速度下降，为防止过肥，日干物质采食量控制在 11～12 kg/d，日蛋白质水平为 12%～13%。为了更精确预测各阶段干物质采食量，常常把体重作为影响肉牛采食量的主要因素，肉牛体重在达到 350 kg 前的日采食量增加迅速，之后增加缓慢。以下（5-1）式为育成牛干物质采食量计算公式；与此同时，根据国内生长育肥牛的饲养实验总结育肥期肉牛干物质采食量的参考计算公式为（5-2）：

$$\left[\begin{array}{l}100 \sim 250 \text{ kg 阶段：} DMI（kg）=W×2.5\% \\ 250 \sim 400 \text{ kg 阶段：} DMI（kg）=W×2.2\% \\ 500 \text{ kg 以上阶段：} DMI（kg）=W×2.0\%\end{array}\right. \qquad （5-1）$$

$$DMI（kg）= 0.062W^{0.75}+（1.529\ 6+0.003\ 71W）G \qquad （5-2）$$

式中：G 为日增重（kg/d），$W^{0.75}$ 为代谢体重（kg），W 为体重（kg）。

二、能量需要量

肉牛的生产效率实质就是将采食的饲料中营养物质转化为动物脂肪和蛋白质的效率，而肉牛生产在育肥期间的主要目的就是提高日增重，改善牛肉品质，促进脂肪沉积。肉牛在育肥期间生长迅速，但是脂肪相对生长较慢，因此在日粮饲养中注重蛋白质和能量的比例，保证充足的营养供应。能量是肉牛各个阶段维持生命活动及生长、繁殖等所必需的，可分为维持净能与增重净能。所需能量来自饲料中的碳水化合物、脂肪和蛋白质，但主要是碳水化合物，它在牛瘤胃中被微生物分解为 VFA、CO_2、CH_4 等。其中，VFA 被瘤胃壁吸收，成为能量的主要来源。

考虑到不同牧场对犊牛的不同饲喂管理方式，NRC（2001）将犊牛的能量需要分为四种：仅饲喂乳或代乳料的后备犊牛，其维持净能 NEm（Mcal）= $0.086\ W^{0.75}$、增重净能 NEg（Mcal）=（$0.84\ W^{0.355}×G$）×0.69；饲喂乳加开食料的犊牛，其维持净能 NEm（Mcal）=$0.086\ W^{0.75}$、增重净能 NEg（Mcal）=（$0.84\ W^{0.355}×G^{1.2}$）×0.69；饲喂乳以生产小牛肉为目的的犊牛，其维持净能 NEm（Mcal）=$0.086\ W^{0.75}$、增重净能 NEg（Mcal）=（$0.84\ W^{0.355}×G^{1.2}$）×0.69；断奶犊牛（具有反刍功能），其维持净能 NEm（Mcal）=$0.086\ W^{0.75}$、增重净能 NEg（Mcal）=（$0.84\ W^{0.355}×G^{1.2}$）×0.69。

对于舍饲生长母牛，根据我国肉牛饲养标准（NY/T815—2004）规定，维持净能 NEm（kJ/d）= $322×W^{0.75}$，当气温低于 12℃时，每降低 1℃，维持净能需要增加 1%；增重净能需要量 NEg（kJ/d）= $1.1×$（$2\ 092+25.1\ W$）×ADG/（$1-0.3\ ADG$）；综合净能需要计算公式为：$NEmf$（kJ）=\{322 $W^{0.75}$+[（$2\ 092+25.1\ W$）×ADG/（$1-0.3\ ADG$）]\}F，其中 F 表示综合净能校正系数。

对于育肥牛，我国《肉牛饲养标准》（NY/T815—2004）计算公式与舍饲生长母牛相同；增重净能需要量 NEg（kJ/d）=（$2\ 092+25.1W$）×ADG/（$1-0.3\ ADG$）；综合净能需要计算公式为：$NEmf$（kJ）=\{322 $W^{0.75}$+[（$2\ 092+25.1$

$W) \times ADG/ (1-0.3\ ADG)] \} F$，其中 F 表示综合净能校正系数。额外地，生长阉牛的增重净能（MJ）$= 0.233\ W^{0.75} \times 1.097\ ADG$；青年母牛的增重净能（MJ）$= 0.287\ W^{0.75} \times 1.119\ ADG$；生长公牛的增重净能（MJ）$= 0.183$ $W^{0.75} \times 1.097\ ADG$。

三、蛋白质需要量

对于肉牛的肥育主要集中在前、中、后 3 个时期，根据生长规律，在肉牛育肥前期以增长瘦肉、增大体积为主，后期要沉积脂肪。根据肉牛发育特点，其在性成熟前体重增长速度最快，因此可利用这一特性补充全价营养饲料，促进牛体生长发育，从而达到育肥的目的。前期肥育时，要注重蛋白质饲料和矿物质饲料的供给，主要是由于在此阶段肉牛主要以生长骨架和增长肌肉为主，需要饲喂高于生长发育的营养物质才能达到预期的育肥效果。随着年龄的增长，肌肉增长逐步缓慢，肌肉纹理也随之改变，在中后期主要以沉积脂肪为主，在此期间要增加精料中的蛋白质含量以促进肌间脂肪的沉积，达到育肥效果。总的来说，肉牛的蛋白质需要主要分为维持需要与增重需要。用于维持的蛋白质需要量与代谢体重（成年牛为 $W^{0.75}$，幼龄生长牛为 $W^{0.67}$）成正比。一般情况下，每天每千克代谢体重维持需要可消化蛋白质 3.0 g。如体重 W kg 的成年牛每天维持需要可消化蛋白质（DCPM）$=3.0\ W^{0.75}$，体重在 200 kg 以下的幼龄生长牛则为 $DCPM=2.6\ W^{0.67}$。对于增重需要，牛增重时的蛋白质沉积量与增重速度相关，体重为 W kg 的生长牛，在日增重为 ΔW 时，蛋白质沉积量（PG）（g/d）$=\Delta W \times (170.22-0.173\ 1W+0.000\ 178\ W^2) \times (1.12-0.125\ 8\Delta W)$。换算成 DCP 时乘以一个换算系数（μ），换算系数与牛的体重有关，体重在 60 kg 以下时，$\mu=1.67$；体重在 60 ～ 100 kg 时，$\mu=2.0$；体重在 100 kg 以上时，$\mu=2.22$。每天用于增重的 $DCPG = \mu \times PG$（g）。

四、粗纤维需要量

粗饲料中含有大量的粗纤维，其中起主要作用的是物理有效中性洗涤纤维（peNDF），可刺激反刍动物咀嚼、反刍和分泌唾液，唾液中含有大量的缓冲物质，可以中和瘤胃中的酸性物质，使瘤胃 pH 值保持在相对稳定的范围内。通过比较日粮计算的 peNDF 值和采食该日粮肉牛的乳脂率、瘤胃 pH 值之间的关系，估测肉牛最低 peNDF 需要量。以玉米、大豆粕、麦麸、玉米青贮、苜蓿草粉及羊草为主要原料配制的不同精粗比的日粮饲喂肉牛时发现，

peNDF 日进食量范围为 3.02 ~ 6.27 kg。对荷斯坦奶牛来说，维持 3.4% 乳脂率需含有大约 9.7% 的 peNDF 日粮，而维持瘤胃平均 pH 值 6.0 需约 22.3% 的 peNDF。当用玉米青贮、绊根草干草或棉籽壳与绊根草干草配制 peNDF 为 21% 的日粮时，约只需 25% 的粗饲料（玉米青贮中大约有 50% 茎秆）。虽然这种日粮能够保证动物所需的最短的咀嚼时间，但日粮中往往包含过多的可发酵碳水化合物，有可能导致瘤胃 pH 值（大约 6.0）和中等乳脂率水平的继续下降。因此含 21% peNDF 的日粮可能不宜长期饲喂肉牛。NRC（2001）认为在泌乳前期和中期维持 3.4% 以上的乳脂率，瘤胃内 pH 值应维持在 5.9 ~ 6.6，peNDF 日进食量范围为 3.66 ~ 6.32 kg 或 peNDF 占干物质的 19.3% ~ 30%。

五、矿物元素与维生素需要量

矿物质虽有常量和微量之分，但在肉牛生长过程中有着重要的地位，若在肥育期间矿物质 Ca、P 摄入不足，则会引起牛体的骨质疏松，降低食欲进而影响采食量。维生素是维持动物良好营养状态和生产性能所必需的营养物质，是一些关键酶的辅酶或辅基，不仅可以促进免疫细胞增殖分化，还能促进抗体的合成，提高机体免疫力。根据 NRC（2001）推荐，犊牛饲料矿物质和维生素的推荐量如表 5-1 所示，根据我国《肉牛饲养标准》（NY/T 815—2004），生长母牛与生长育肥牛的 Ca 与 P 的营养需要量如表 5-2 与表 5-3 所示，肉牛各阶段矿物元素需要量如表 5-4 所示。特别地，钠和氯一般用食盐补充，根据肉牛对钠的需要量占日粮干物质的 0.06% ~ 0.10% 计算，日粮含食盐 0.15% ~ 0.25% 即可满足钠和氯的需要。一般来说，氧化镁和硫酸镁是镁的良好补充来源，肉牛对日粮中镁的耐受浓度为 0.4%，超过此值摄入可能会出现严重腹泻、外观呆滞和干物质消化率下降等状况。钾是肉牛体内丰富度排序第三的矿物元素，牧草是钾的良好来源，通常含量 1% ~ 4%，但在高谷物肥育日粮缺乏优质牧草的情况下，肉牛日粮可能需要补充钾，形式包括氯化钾、碳酸氢钾、硫酸钾和碳酸钾。

除此之外，根据我国《肉牛饲养标准》（NY/T 815—2004），肉用牛的维生素 A 需要量按照每千克饲料干物质计算：生长肥育牛为 2 200 IU，相当于 5.5 mg β - 胡萝卜素；妊娠母牛为 2 800 IU，相当于 7.0 mg β - 胡萝卜素；泌乳母牛为 3 900 IU，相当于 9.75 mg β - 胡萝卜素；1 mg β - 胡萝卜素相当于 400 IU 维生素 A。肉牛的维生素 D 需要量为 275 IU/kg 干物质日粮。幼年肉犊牛对维生素 E 的适宜需要量为 15 ～ 60 IU/kg 干物质。对于青年母牛，在产前 1 个月日粮添加维生素 E 协同硒制剂注射，有助于减少繁殖疾病（难产、胎衣不下等）的发生。对生长肥育阉牛最适维生素 E 需要量为每日在日粮中添加 50 ～ 100 IU。

表 5-1　犊牛日粮中矿物质与维生素浓度推荐

营养素	代乳料	开食料	生长料
Ca（%）	1.00	0.70	0.60
P（%）	0.70	0.45	0.40
Mg（%）	0.07	0.10	0.10
Na（%）	0.40	0.15	0.14
K（%）	0.65	0.65	0.65
Cl（%）	0.25	0.20	0.20
S（%）	0.29	0.20	0.20
Fe（mg/kg）	100	50	50
Mn（mg/kg）	40	40	40
Zn（mg/kg）	40	40	40
Cu（mg/kg）	10	10	10
I（mg/kg）	0.50	0.25	0.25
Co（mg/kg）	0.11	0.10	0.10
Se（mg/kg）	0.30	0.30	0.30
维生素 A（IU/kg）	9 000	4 000	4 000
维生素 D（IU/kg）	600	600	600
维生素 E（IU/kg）	50	25	25

表 5-2　生长母牛 Ca、P 营养需要量

体重（kg）	平均日增重（kg/d）	Ca（g/d）	P（g/d）
150	0.3	13	8
	0.4	16	9
	0.5	19	10
	0.6	22	11
	0.7	25	11
	0.8	28	12
	0.9	31	13
	1	34	14

续　表

体重（kg）	平均日增重（kg/d）	Ca（g/d）	P（g/d）
200	0.3	14	9
	0.4	17	10
	0.5	19	11
	0.6	22	12
	0.7	25	13
	0.8	28	14
	0.9	30	14
	1	33	15
250	0.3	15	11
	0.4	18	11
	0.5	20	12
	0.6	23	13
	0.7	25	14
	0.8	28	15
	0.9	30	15
	1	33	17
300	0.3	16	12
	0.4	18	13
	0.5	21	14
	0.6	23	14
	0.7	25	15
	0.8	28	16
	0.9	30	17
	1	32	17

表5-3　生长育肥牛 Ca、P 营养需要量

体重（kg）	平均日增重（kg/d）	Ca（g/d）	P（g/d）
150	0.3	14	8
	0.4	17	9
	0.5	19	10
	0.6	22	11
	0.7	25	12
	0.8	28	13
	0.9	31	14
	1	34	15
	1.1	37	16
	1.2	40	16
200	0.3	15	9
	0.4	17	10
	0.5	20	11
	0.6	23	12
	0.7	26	13
	0.8	29	14
	0.9	31	15
	1	34	16
	1.1	37	17
	1.2	40	17
250	0.3	16	11
	0.4	18	12
	0.5	21	12
	0.6	23	13
	0.7	26	14
	0.8	29	15
	0.9	31	16
	1	34	17
	1.1	36	18
	1.2	39	18

续 表

体重（kg）	平均日增重（kg/d）	Ca（g/d）	P（g/d）
300	0.3	17	12
	0.4	19	13
	0.5	21	14
	0.6	24	15
	0.7	26	15
	0.8	29	16
	0.9	31	17
	1	34	18
	1.1	36	19
	1.2	38	19

表 5-4　肉牛对日粮微量矿物元素需要量

微量元素	单位	需要量（以日粮干物质计）			最大耐受浓度[1]
		生长和肥育牛	妊娠母牛	泌乳早期母牛	
钴（Co）	mg/kg	0.10	0.10	0.10	10
铜（Cu）	mg/kg	10.00	10.00	10.00	100
碘（I）	mg/kg	0.50	0.50	0.50	50
铁（Fe）	mg/kg	50.00	50.00	50.00	1 000
锰（Mn）	mg/kg	20.00	40.00	40.00	1 000
硒（Se）	mg/kg	0.10	0.10	0.10	2
锌（Zn）	mg/kg	30.00	30.00	30.00	500

注：[1] 参照 NRC（1996）。

第三节　肉牛饲料资源开发与利用

随着畜牧业的蓬勃发展，饲料资源开发问题日益突出，目前我国优质饲料进口依赖性大、饲料资源短缺、饲料价格不断上涨，导致肉牛饲养成本居高不下。因此，在肉牛的饲养过程中，如何合理地开发新饲料原料，减少对粮食作物依赖以及饲料搭配逐渐成为广大畜牧业工作者研究的热点。其中，充分开发饲料资源是一种重要途径。常见的饲料资源有稻草、酒糟、芭蕉、发酵豆渣，一些特色饲料资源包括马铃薯、桑叶、桑葚、谷子等。

一、常见饲料资源

我国是水稻种植大国，干稻草年产量巨大且价格低廉，是肉牛潜在的主要粗饲料资源。稻草中的粗蛋白质含量为 3.58% ～ 6.93%，同时将稻草与新鲜牧草混合青贮可获得较好的青贮品质与营养水平。当稻草与构树、香蕉叶、多花黑麦草分别以 1 : 9、3 : 7、4 : 6 混合青贮时，青贮品质最佳。此外，通过复合酶处理稻草可提高稻草纤维在瘤胃内的降解率，明显提升黄牛 ADFI 和 ADG。但考虑到加工处理成本，许多养殖业者将稻草切断后配合一定精饲料混合饲喂黄牛时可以更好地刺激其瘤胃，使此混合饲料发挥更大的利用价值。

酒糟是米、麦、高粱等谷物酿酒后的副产物，又称为酒渣，在我国产量丰富。酒糟粗蛋白质含量为 24.47% ～ 34.42%，是玉米粗蛋白质含量的 2 ～ 3 倍，氨基酸种类繁多，是反刍动物优质的蛋白质摄入来源。但同时，酒糟有杂醇、醛类物质，且纤维含量高，用作饲料长期使用对反刍动物有一定中毒风险，所以通常采用发酵及烘干的方式加工处理，降低酒糟中的有害物质。鉴于此，为减少肉牛长期饲喂酒糟后发生慢性中毒的可能性，育肥架子牛尽量使用中等剂量酒糟饲喂，即：三段式育肥时，前期添加比例 44% ～ 56%（日采食酒糟的比例）、中期 51% ～ 67%、后期 49% ～ 58%；二段式育肥时，前期 40% ～ 45%、后期 50% ～ 55%；持续式育肥时添加 50% ～ 60%。繁殖母牛在分娩后 3 周内使用酒糟，使用剂量为日采食量的 40% ～ 50%，此法可为母牛产后提供较丰富的蛋白质、可消化纤维素，且酒糟中含有的酒精对母牛泌乳也有一定的促进作用，但使用时间不宜过长，否则可能影响母牛生殖内分泌系统。

发酵豆渣是豆渣与混合菌种联合固态发酵而制，豆渣经发酵后粗蛋白含量提高，尤其是粗蛋白质中的可消化蛋白率提高约 1/3；同时适口性增加，消化液分泌增强，促进肉牛食欲；不仅如此，发酵过程会伴随产生大量活菌、蛋白质、氨基酸、各种生化酶、促生长因子等营养与激素类物质，可提高动物机体各器官功能，提高饲料转化率。经实践证明，可用发酵豆渣替代部分豆粕饲喂肉牛，在育肥期以 5% 的替代比例饲喂效果较好，平均日增重可提高约 18%，饲料效率显著提高。

芭蕉树中含有大量纤维素和微量元素，将其饲喂肉牛可快速增肥。长期饲用芭蕉树还能减少肉牛发病率；同时，若在肉牛养殖过程中出现厌食或者腹泻等不良症状及时补饲芭蕉树可缓解症状；此外，芭蕉树饲喂肉牛还能促进有害物质代谢。

二、特色饲料资源

马铃薯作为高能量、低纤维、低干物质含量的饲料来源，其营养价值相对丰富，其中干物质含量约为 14.01%、粗蛋白质含量为 19.62%、粗脂肪含量为 7.97%。作为我国的主要粮食资源，其副产品茎、叶资源庞大。研究表明，将马铃薯正式收割前 10 d 进行收获茎叶作为青贮原料，与 10% 糖蜜和淀粉按照 3:7 同全株玉米进行混合，其营养成分、青贮品质、饲喂价值最高。另有一项研究在肉牛育肥期日粮中分别添加马铃薯渣水平为 15% 和 30%，持续 16 周。结果发现日粮添加 15% 和 30% 的马铃薯渣对肉牛大部分胴体性状及瘤胃发酵指标无负面影响，添加水平达到 30% 时可降低肉牛的采食量，但显著提高了饲料效率并降低增重成本。经实践证明，马铃薯副产品适时收割作为青贮或以一定水平添加不仅可以节约饲料生产成本，还可以有效缓解人畜争粮问题。

饲料桑作为一种功能性饲用原料在畜禽养殖上得到应用，可提高畜禽抗病力、改善肉质风味等。因其干物质约为 30%，粗蛋白质 16% ~ 30%，粗纤维为 8%，碳水化合物 25%，被誉为"天然的植物营养库"。桑叶经过微生物发酵后可提高多肽、游离氨基酸、可溶性蛋白和真蛋白的含量。研究证明在反刍动物饲料中添加合适比例桑叶可提高生产效益，降低瘤胃挥发性脂肪酸的含量，提高饲料利用效率。当添加 22.5% 的发酵桑叶可提高肉牛生产性能与胴体品质，调节牛体内的脂类代谢并增强免疫力；在西门塔尔牛精料中添加 10% 和 20% 的桑叶粉，可使肉牛平均日增重提高 16.1% 和 9.1%；此外，研究表明在种公牛日粮中添加桑叶粉能够提高其精子活力、射精量、降低精子畸形率等。

桑葚是桑树所结果实，含有多种营养物质，如多种氨基酸和微量元素等营养成分，维生素及 Fe、Ca 等矿物元素，并含有果胶、无机盐类和紫红色色素等。已有研究证明桑葚加工的副产品桑葚渣可作为动物饲料，在去势杂交肉牛日粮中粗蛋白质、酸性洗涤纤维和代谢能相等的条件下用 6.3% 的桑葚渣替代部分玉米和棉籽饼，肉牛的 ADG、DMI 和 ADG/DMI 均没有受到不良影响，但氨氮明显降低。另外，肉质（除肌肉脂肪含量降低外）也无显著性差异。

　　我国作为谷子生产大国，其种植面积与产量一直稳居世界第一，重新挖掘谷子作为饲草具有重要意义。国内饲用谷子应用于牛羊时常用来替代苜蓿干草以节约成本。张杂谷是冀北地区自行选育的优良谷草，具有高产、节水和耐贫瘠、营养价值高、适口性较好等优点。其秸秆可通过微生物处理、化学加工或物理加工转化为饲草，粗蛋白质含量为 6.22% ～ 7.35%，大量饲喂试验结果表明，张杂谷饲草可作为肉牛的优质粗饲料代替部分进口牧草以及本地秸秆类饲料，成为全新饲草业发展品种。

第六章　肉牛生产力的评定

第一节　影响肉牛产肉性能的因素

我国人口众多，近几年来人们对生活的要求已经从"吃饱穿暖"层面上升到了追求生活品质层面，因此牛肉出现在餐桌上的频率越来越高。牛肉在优化膳食结构中具有重要地位，符合人们的营养需求。高档牛肉在其风味、嫩度、多汁性等性状上表现突出，从而备受消费者的青睐。因此，育肥高档肉牛、生产高档牛肉具有十分显著的经济效益和广阔的发展前景。影响肉牛产肉性能的因素有很多，主要包括肉牛品种与体型，年龄与性别，杂交类型，营养水平以及管理状况等。

一、品种和体型

1. 品种类型

品种类型是影响产肉性能最主要的因素，它直接影响肉牛的生长速度和育肥效果。一般肉用品种牛的生长期与乳用牛、乳肉兼用牛以及役用牛相比，要短一些，因此选择这类品种的肉牛育肥不但节约饲料，提前出栏，而且能获得较高的屠宰率和出肉率，脂肪沉积率均匀，能较早地形成肌肉脂肪，使肉具有大理石状花纹，肉味优美。一般肉牛肥育后的平均屠宰率为60%～65%，最高可达68%～72%，兼用品种55%～60%，我国黄牛一般在58%以下。

例如西杂牛、犏牛与宣汉黄牛之间相互比较下，西杂牛的胴体指数、优质肉块产量和背最长肌中矿物质含量更优，犏牛的背最长肌中氨基酸组成和风味物质含量更优，宜汉黄牛的部分优质肉块产量更优。

2. 肉牛体型

肉牛的体型对牛肉的生产水平也有一定的影响作用，通常肉用体型越明显，其产肉性能越高。一般肉牛的品种可根据体型的大小分为大型品种、中型品种和小型品种，其中小型品种成熟最早，中型次之，大型品种最晚。一般大型晚熟品种初生重和日增重高，产肉能力强，而小型早熟品种成熟早，屠宰率高，能较早达到胴体品质要求，是生产犊牛肉的理想品种。因此，小型品种达到上市体重所需要的时间最短。肉牛养殖生产中，要根据市场的需求，对牛肉产品的要求来选择不同类型的肉牛品种，只有这样才可以获得较高的育肥效益。

二、年龄和性别

1. 年龄

年龄对肉牛育肥的效益有着重要的影响作用，肉牛增重速度、胴体质量和饲料消耗与年龄的关系十分密切。年龄越小的肉牛的生长、增重速度越快，饲料转化率越高。其中以 1 岁以内的犊牛的生长增重速度最快，以后则会逐渐地减慢，一般第二年的增重速度为第一年的 70%，第三年的增重速度为第二年的 50%。从肉质来看，幼牛肉质细嫩，水分含量高，脂肪少，肉色淡，可食部分多，而年龄越大则相反，所以选择 2 岁前的牛育肥效果最好。

另外，肉牛的年龄还对资金的周转有着重要的影响，犊牛要比 2～3 岁的架子牛价格高，并且犊牛的饲养周期较长，选择育肥犊牛，会导致资金积压的时间比育肥架子牛长，从而减慢资金周转的速度。因此在选择饲养肉牛前要根据市场的需求、本场的实际情况、资金的周转情况等，灵活地选择不同年龄的肉牛进行育肥，一般若想在饲养 4～5 个月后即出售，可选择 2～3 岁的架子牛，如果要生产高档牛肉，则可选择断奶犊牛或 1 岁以内的犊牛。

2. 性别

牛的性别影响着牛的生长速度和肉的品质，从而影响肉牛育肥的效益。公牛的生长发育速度、饲料转化率、瘦肉率较高，适宜生产瘦肉率较高的牛肉；而母牛生长肥育速度慢，但肉质肌纤维细，结缔组织少，脂肪比例较高，肉的品质好，适宜生产脂肪含量较高的牛肉；去势牛介于两者之间，易肥育，肉色较淡，脂肪含量高。从早熟性看，公牛晚熟，母牛早熟，去势牛居中。因此，在育肥前可根据市场需求，养殖的目的来选择不同性别的肉牛。一般养殖场为了提高屠宰率、瘦肉率，获得较大的眼肌面积，选择育肥1岁左右未去势公牛；而为了获得具有一定脂肪含量的牛肉则可以选择育肥母牛；另外公牛在去势后性情较为温驯，增重速度快，肉的品质有所改善，一般常选择 2～3 岁的架子牛育肥。

三、杂交类型

目前实际养殖生产中用来育肥的肉牛多为杂交品种，利用杂交优势是提高肉牛生产性能，获得较高育肥效益的重要手段。通过将不同的品种进行杂交后所得的杂交后代具有父母的优良特性，一般具有生长速度快、饲料转化率高、胴体出肉率高、抵抗力强等特点。不同的杂交类型育肥的效果也不同。

生产实践表明，轮回杂交的效果要比二品种杂交的效果好。轮回杂交是指利用两个或两个以上的优良肉牛品种与生产性能较低的品种进行杂交，所得的杂交后代公牛全部用来育肥，母牛则经培育留为种用。我国没有专用肉牛的品种，所以采用外国优良肉牛与本地黄牛杂交，在杂交育肥时要注意交替使用不同品种的公牛交配，这样可保持杂种优势，使后代具有较高的生产性能。例如夏洛莱与本地黄牛杂交，周岁体重提高50%，屠宰率提高5%，净肉率可提高10%，且三元杂交优于二元杂交，效果更为显著。

四、营养水平以及管理状况

1. 营养水平

日粮营养是转化成牛肉的物质基础。恰当的营养水平结合牛体的生长发育特点可以提高肥育牛的产肉量，并获得含水量少，品质优良的牛肉。肉牛的消化能力强，饲料以粗饲料为主。粗饲料经过消化以后能够产生挥发性脂肪酸提供能量。饲料品质与饲料利用率有紧密的联系，例如营养配比，加工方法，运输储存过程中的很多细节都影响利用率。一般品质越好，利用率相对来说也就越高。肉牛在不同的生长阶段对饲料的需求量及营养比例都有所不同。如果饲料中粗饲料占比较高的话，不仅会影响肉牛对干物质的吸收，其饲料利用率也会有所下降，然而过少的话也同样会导致饲料利用率不足。饲喂肉牛的饲料，常用的有精饲料、青贮饲料、青饲料、维生素饲料和蛋白质类饲料等。各种饲料的营养特性不同，在日粮的配制过程中要根据牛的生长需要来确定各饲料的种类及比例，还要适当地添加一些添加剂用以补充和完善饲料的营养性，以提高饲料利用率，维持肉牛健康，改善牛肉品质，达到提高肉牛生产性能的目的。在保证饲料为肉牛提供充足营养的前提下，可以通过替换日粮中的某种饲料来节约成本，例如我国蛋白质饲料资源短缺，大量依赖进口，我们可以考虑用其他饲料来替换一部分蛋白质饲料以达到最大的养殖利润。营养水平的高低可以影响肉牛胴体组织，一般饲喂高水平日粮的肉牛的肌肉组织比例小，脂肪组织比例高。

2. 管理状况

肉牛的饲养方式主要有放牧饲养和舍饲饲养，其中舍饲是目前集约化肉牛生产最常用的方式，具有便于管理，生产效率高，经济效益大等优点。对肉牛进行合理的分群，可以根据肉牛的品种、体重大小、性别和年龄进行分群，这样有助于育肥期的饲养管理，提高生产效率。为了及时了解肉牛的育肥情况便于调整饲料，应在肉牛育肥期间定期对牛群进行抽样称重，最好每月称重 1 次，可以抽取占圈存数的 10% 来进行称重，这样既不影响育肥效果，还可以及时挑选出生长速度慢甚至停止生长的肉牛，进行处理以减少不必要的饲养成本的浪费。一般选择对 2 周岁以上的肉牛进行去势处理，这样更便于管理，并且可以去除肉中的膻味，使胴体的品质良好。但是对于 2 岁前的公牛则不去势，因为在实际生产中，2 岁前不去势的公牛和去势的公牛相比，育肥效果更好，生长迅速，胴体品质更好，瘦肉率高，饲料转化率高。

科学的管理方法也能提高肥育牛的增重效果。如今，动物福利已成为世界范围内被广泛关注的问题，并且仍在不断升温。动物福利是动物对其所处的环境适应后所达到的状态。动物健康状况直接依赖于动物福利，环境不佳使家畜生长缓慢，饲养成本增高，甚至会使机体抵抗力下降，诱发各种疾病。因此，有必要做好动物福利化措施以及使用科学的管理方法。饲养过程中的福利包括畜舍环境、日常管理、疾病预防、人工育种等方面。肉牛在 10～21℃环境条件下有利于生长发育，低于 7℃，肉牛用于维持的能量需要逐渐增多，增重和饲料转化率低，环境温度高于 27℃，采食量下降，体重降低。尤其在夏季，对肉牛的科学管理要求更加严格，我国南方大部分地区夏季温度高且潮湿闷热，持续时间长，牛场内活动范围有限，牛极易产生应激，从而导致其生产性能下降以及牛场经济效益受损。杨梓曼（2022）研究表明，夏季热应激导致肉牛体温、呼吸频率升高，血清抗氧化能力、免疫功能下降，瘤胃菌群中纤维素分解菌丰富度降低，瘤胃液 VFA 含量下降，NH_3-N 浓度升高，但不影响瘤胃细菌的多样性。综上所述，为肉牛创造适宜的生活环境对其肥育效果意义重大。

此外，圈舍卫生，经常刷拭牛体，肥育前驱虫防疫，均有利于提高肥育效果。生长期加强运动和光照有利于机体各器官的生长发育，增强体质，提高生活力，但催肥期要限制运动，保持较暗的环境有利于休息，降低能量消耗，利于催肥。有研究得出结论：牛体刷拭可在一定程度上提高肉牛生产性能，部分缓解集约化生产对肉牛所带来的应激，改善肉牛福利状况。

第二节　肉牛生产性能评定

一、生长速度

日增重是测定牛生长发育和育肥效果的重要指标，测定日增重时要定期测定各阶段的体重，常测的有初生重、断奶重、12 月龄重、18 月龄重、育肥初始重、育肥末重。称重一般在早晨饲喂及饮水前进行，连续 2 d 取平均值。

1. 初生重

犊牛出生后哺乳初乳前的体重，与哺乳期日增重和断奶后体重呈正相关。

2. 断奶重

犊牛断奶时的体重（断奶重）反映犊牛的生长速度和母牛的泌乳能力。断奶日龄：国外 205 d，国内 210 d 或 205 d。

校正的断奶量 =［（断奶重 – 初生重）/ 实际断奶日龄］× 校正的断奶天数 + 初生重

由于母牛泌乳力直接影响犊牛的生长速度，而泌乳力又随母牛年龄发生变化，故计算校正断奶重时要考虑母牛的年龄因素，可把犊牛断奶重调整到标准年龄，以排除该性状的大部分环境变异，其计算公式为：

校正的断奶量 =｛［（断奶重 – 初生重）/ 实际断奶日龄］× 校正的断奶数｝× 母牛的年龄因素 + 初生重

母牛的年龄因素：2 岁 =1.15，3 岁 =1.10，4 岁 =1.05，5 ～ 10 岁 =1.0，

11 岁以上 =1.05。

3. 哺乳期日增重

指断奶前犊牛平均每天增重量。

哺乳期日增重 =（断奶重 – 初生重）/ 断奶时日龄

二、育肥性能

育肥能力主要由育肥期日增重和饲料报酬表示。育肥末重和育肥始重应在育肥牛育肥开始和结束时各连续 3 d 早晨空腹称重，以 3 d 称重的平均数为期末体重和始重。

1. 育肥期日增重

表示在育肥时期内增重和脂肪沉积的能力。

育肥期日增重 =（育肥末重 – 育肥始重）/ 育肥天数

2. 饲料报酬

饲料报酬是衡量经济效益和品种质量的一项重要指标，可作为考核肉牛经济效益的指标。

增重 1 kg 消耗干物质（kg）= 饲养期间消耗的饲料干物质总量 / 饲养期间总增重

生产 1 kg 净肉需饲料干物质（kg）= 饲养期间消耗的饲料干物质总量 / 屠宰后的净肉量

三、宰前评定

牛体屠宰前可用目测和触摸评定膘情等级。目测主要观察牛体的大小、体躯宽窄与深浅度、腹部状态、肋骨长度与弯曲程度以及垂肉、肩、背、腰角等部位的肥满和肌肉附着情况。触摸是以手触测各主要部位的肉层厚薄和脂肪沉积程度。

通过膘情和肌肉度评定，可初步估计活牛体重及产肉量，但必须有丰富的实践经验，才能掌握得比较准确。

四、屠宰测定

屠宰测定能直接反映肉牛的生产水平，尤其是牛肉的质量。2001 年由南京农业大学牵头制定的牛肉等级标准，使肉牛屠宰逐步向规范化、标准化方向发展。

1. 宰前重

指绝食 24 h 后的活重。

2. 宰后重

指屠宰放血后的重量。

3. 胴体重

指放血后除去头、尾、皮、四肢和内脏外的躯体重量。在国内，胴体重包括肾脏及肾周围脂肪重。

4. 净体重

指胴体剔除骨、脂肪后的全部重量。

5. 屠宰指标的计算

指胴体占活重的比率，肉牛屠宰率超过 50% 为中等指标，超过 60% 为高指标。

屠宰率 = 胴体重 / 宰前重 ×100%

净肉率指净肉重占宰前重的比率，良好肉牛在 45% 以上。

净肉率 = 净肉重 / 宰前重 ×100%

胴体产肉率为净肉重占胴体重的比率。

胴体产肉率 = 净肉重 / 胴体重 ×100%

肉骨比指胴体中肉重与骨重的比值。

五、胴体等级评定

1. 眼肌面积

指第十二肋骨后缘背最长肌横切面的面积。注意横切面要与背线保持垂直。可用眼肌面积板直接测定，或用硫黄纸将眼肌描出（描 2 次），用求积仪或方格透明卡片算出眼肌面积。

2. 大理石纹

肌肉中脂肪分布情况，形状似大理石花纹，是显示肉中肥瘦程度的指标，是牛肉等级评定中的重要指标，我国推荐的牛肉等级标准将大理石花纹等级分为 5 个等级:5 级、4 级、3 级、2 级、1 级。5 级为极丰富、4 级为丰富、

3 级为中等、2 级为少量、1 级为几乎没有。

3. 肉色

肉色以鲜樱桃红色、有色泽为最好。肉色与 pH 值、性别和年龄有关。pH 值 ≤ 5.6 为鲜红色，pH 值 > 5.6 为暗红色，公牛肉色比母牛深。肉色的评定可参照标准进行。我国推荐的牛肉等级标准将肉色等级按颜色深浅分为 8 个等级：1、2、3、4、5、6、7、8，1 级最浅、8 级最深，其中 4、5 级肉色最好。

4. 脂肪色泽

脂肪以白色、有色泽、厚实、致密、质地较硬、有黏性最好。我国推荐的牛肉等级标准将脂肪色泽等级按颜色浅深分为 8 个等级：1、2、3、4、5、6、7、8，1 级最浅、8 级最深，其中脂肪色 1、2 两级最好。

5. 生理成熟度

以门齿变化和脊椎骨（主要是最后三根胸椎）棘突末端软骨的骨质化程度为依据判断。我国推荐的牛肉标准中将生理成熟度分为 A、B、C、D、E 五级。

胴体质量等级主要由大理石花纹和生理成熟度两个因素决定，在我国推荐的牛肉等级标准中将胴体质量等级分为特级、优一级、优二级和普通级四级。

胴体产量等级以分割肉重确定。分割肉重可根据胴体重和眼肌面积进行推算，其推算公式为：

分割肉重（kg）= − 5.939 + 0.400 3 × 胴体重（kg）+ 0.187 1 × 眼肌面积（cm^2）

我国推荐的牛肉等级标准中将胴体产量等级分为五级：

1 级：分割肉重 ≥ 131 kg；

2 级：121 kg ≤ 分割肉重 ≤ 130 kg；

3 级：111 kg ≤ 分割肉重 ≤ 120 kg；

4 级：101 kg ≤ 分割肉重 ≤ 110 kg；

5 级：分割肉重 ≤ 100 kg。

六、繁殖性能

衡量牛群的繁殖性能通常应用下述指标：

1. 受配率

指受配母牛数占适配母牛数的比率。肉牛群母牛受配率要求达到 80%以上。

受配率＝（受配母牛数／适配母牛数）×100%

2. 总受胎率

指一个年度内受胎母牛头数占配种母牛头数的比率。肉牛群总受胎率要求在 95% 以上。

总受胎率＝（年内受胎母牛头数／年内配种母牛的总头数）×100%

3. 情期受胎率

指妊娠母牛头数占总配种情期数的比率。一般要求 55% 以上。

情期受胎率＝（年受胎母牛头数／总配种情期数）×100%

4. 第一情期受胎率

表示第一次配种就受胎的母牛数占第一情期配种母牛总数的百分率。

第一次情期受胎率＝（第一次情期受胎母牛头数／第一情期配种母牛总数）×100%。

5. 配种指数

指母牛每次受胎平均所需的配种次数。

配种指数：（受胎母牛配种的总情期数／妊娠母牛头数）×100%

6. 产犊率

牛群产犊率要求在 90% 以上。

产犊率＝（本年度初生犊牛总数／上年度末成年母牛头数）×100%

7. 平均产犊间隔

牛群平均产犊间隔要求在 13 个月以下。

平均产犊间隔＝（总个体产犊间隔／产犊母牛总数）×100%

8. 犊牛成活率

指出生后 3 个月时成活的犊牛数占产活犊牛数的百分率。

犊牛成活率＝（出生后 3 个月犊牛成活数／总成活犊牛数）×100%

第七章　肉牛育肥技术

肉牛育肥技术体系主要指专用肉牛品种一次性肥育，也有将乳用牛的公牛犊用来育肥的。牛犊断奶后就算在肥育牛之列，我国肉用牛的育肥大多为成年牛的育肥，也有不少地方多为老龄牛的育肥。幼年牛一边生长，一边囤积脂肪，即在长骨架肌肉的同时也在积累一定的脂肪；而成年牛育肥，主要体宽增长，向宽深发展，囤积脂肪的能力很强。这是幼年、成年牛育肥的不同特点，因此不同的牛有不同的育肥技术。我国肉牛业起步较晚，且没有专用的肉牛品种，但肉用品种牛杂交改良地方优良品种，不但可以生产出高档牛肉，而且可以获得不错的经济效益。

第一节　育肥技术原理

肉牛出生后生长发育不均衡，前期的生长发育快，后期则相对缓慢，不同的年龄阶段，各种体组织的生长速度也不一样，前期以肌肉生长为主，后期则以脂肪沉积为主。肉牛饲养应该掌握其生长规律和育肥原理，采取有效的饲养管理措施来增加肉牛的产肉量。

一、肉牛的体重增长

在营养条件充足的条件下，肉牛1周岁前的增重速度最快，达到性成熟时加速生长，之后增长变慢，到4周岁左右即为成年牛，体重基本维持不变。肉牛快速增长阶段的特点是饲料转化率高，消耗率低，此时提供较丰富的饲料可以促进肉牛快速生长。肉牛一般在达到体成熟 1/3 ～ 1/2 时即可出栏，而对于其他用途的牛，如繁殖、役用目的牛，则在成年后进行屠宰，对此类牛的育肥目的是改善肉的品质，而不是为了提高产量。

二、肉牛的补偿生长

当肉牛生长发育到一定时期时，由于饲料供给不足，会导致肉牛的生长速度下降而达不到其他同龄牛的体重，这称为生长受阻。在这之后如果提供营养较为丰富的饲料，经过一段时间的饲养即可赶上其他同龄牛的体重，则称为补偿生长。当发生轻度生长受阻时可以完全补偿，当发生严重的生长受阻或长期的生长受阻，特别是发生在肉牛的生长发育阶段，则很难补偿，会使肉牛终生的生长力下降，严重者会形成僵牛。

三、不同类型的肉牛体重增长的特点不同

一般中、小型肉牛品种早熟，较容易育肥，在年龄较小时就可以产生较多的脂肪沉积；而大型肉牛品种的生长速度快，但是成熟较晚。而肉牛增重的实质是各种体组织数量的增长。一般同样的增重，不同的增重内容直接影响了肉的品质。肌肉、脂肪、骨骼是牛体内三个主要的组织，犊牛在出生后不同生长阶段体组织生长发育速度不同，通常骨骼的生长比较平稳，生长速度较慢。

在肉牛生长前期，主要是肌肉的生长，这是肉牛增重的主要内容，在肉牛达到 1 周岁后，肌肉增长速度开始减慢，脂肪增长速度逐渐加快，到成年时，体重增长几乎完全是脂肪组织的增长。肌肉的变化表现为肌纤维变粗，因此随着年龄的增加，牛肉的肌肉纹理变粗，肉质变老。在脂肪的增长中，最先沉积的是网油和板油，然后是皮下脂肪，最后才是肌纤维间的脂肪沉积，这使牛肉嫩度、风味都有所改善，因此成年牛育肥的目的就是增加这一部分的脂肪，以改善肉的品质。

第二节　肉牛的选择

育肥牛的选择主要侧重于品种、年龄、体型外貌三个方面。应结合实际情况着重考虑以下几点：

一、品种

可选用夏洛莱、短角、海福特等国外引进的优良品种肉牛。在西北农

户以西门塔尔、短角、秦川牛杂交改良本地牛的后代肥育效果较好，荷斯坦牛的公牛和杂种后代肥育效果也比较好，或选用地方良种进行育肥，如秦川牛、南阳牛等。

二、年龄

应选健康无病，1～2.5岁，最多不超过3岁的牛。另外确定育肥牛年龄要遵循以下原则。

（1）根据育肥方法选择。肉牛的育肥方法有两种，一是生长与育肥同时进行，即持续育肥法；二是生长与育肥分期进行，即后期集中育肥法。采用持续育肥法，增重速度也会随年龄的增加而渐减，第二年的增重量只有第一年的70%左右；采用后期集中育肥法，前期以青绿饲料为主进行"吊架子"，故增重速度较慢，进入育肥阶段后，在高营养水平的影响下，生长速度较快。

（2）根据增重速度选择。一般情况下，年龄小的牛增重1 kg活重需要的饲料量比年龄大的牛要少，故年龄小的牛增重经济效益好于年龄大的牛。主要原因是：第一，年龄小的牛维持需要较少；第二，年龄小的牛体重增加主要是肌肉、骨骼和内脏器官，年龄大的牛体重增加大部分是脂肪，从饲料转化为脂肪的效率大大低于肌肉和内脏等，年龄小的牛机体含水量高于年龄大的牛。

（3）根据饲料总消耗量选择。在饲养期充分饲喂谷物及高品质粗饲料时，年龄小的牛每天消耗饲料少，但饲养期长；而年龄大的牛，采食量大，饲养期短。

（4）根据放牧效果选择。放牧时年龄较小的牛，其增重速度低于年龄较大的牛，因此大牛放牧育肥的效果较好，而小牛则不理想。原因是小牛的胃容量及消耗能力小于大牛。

（5）根据饲养成本选择。饲养一两岁的牛比犊牛效果好，尽管购牛费用较犊牛高，但一两岁的牛具有育肥期较短、育肥期间消耗的精料占饲料消耗总量的比例较小以及资金周转快等优点。

三、体型外貌

肥育牛一般要求身架大，被毛光泽，皮厚而稍松弛，眼明有神，头宽，嘴方，颈稍短而厚实，肩宽，胸深，背腰长，腹圆，后躯平广，侧视似矩形，尾根粗，其尾洼窝大而浅，四肢粗壮，特别是后大腿粗长。

四、健康状况要求

选择时要向原饲养者了解牛的来源，饲养役用历史及生长发育情况等，并通过牵牛走路，观察眼睛身材和鼻镜是否潮湿以及粪便是否正常等特征，对牛的健康状况进行初步判断，必要时应请兽医诊断，重病牛不宜选择，小病牛也要待治疗好后再育肥。

五、膘情要求

一般来说，架子牛由于营养状况不同，膘情也不同。可通过肉眼观察和实际触摸来判断，主要应该注意肋骨、脊骨、十字部、腰角和臀端肌肉丰满情况，如果骨骼明显外露，则膘情为中下等；若骨骼外露不明显，但手感较明显为中等；若手感较不明显，表明肌肉较丰满，则为中上等，购买时，可据此确定牛的价格高低和育肥时间长短。

第三节　肉牛育肥方法

近年来肉牛养殖业发展较快，肉牛育肥是肉牛养殖的一项重要内容。关于肉牛如何育肥，以下是各地较常用的方法。

一、秸秆和氨化秸秆舍饲育肥

农作物秸秆是丰富且廉价的饲料资源。秸秆经过氨化处理，可以提高营养价值，并改善适口性和消化率。让牛自由采食秸秆或氨化秸秆并补喂适量能量饲料，可以满足肉牛的增重需要。

有试验证明，平均体重 297.4 kg 的杂种公牛，每 100 kg 活重日均采食氨化小麦秸 2.48 kg 或氨化玉米秸 2.83 kg；另外，每日每头平均喂 1.5 kg 棉籽饼。在 80 d 的育肥试验期中平均日增重分别为 644 g 和 744 g，分别比饲喂未氨化小麦秸或玉米秸组的牛提高 45% 和 85%。

诸多试验结果表明以氨化秸秆为主要饲料，每日每头补饲 1.5 ～ 2 kg 精料，可使育肥肉牛达到一定的增重水平。

二、青贮料舍饲育肥

青贮是保存饲料养分的有效方法之一。近几年来随着农业和畜牧业的快速发展，全株玉米青贮逐渐从奶牛应用到肉牛、肉羊等养殖生产实践中。青贮玉米是育肥肉牛的优质饲料，如同时补喂一些混合精料，可以达到较高的日增重。据试验，体重 375 kg 的荷斯坦杂种公牛，每日每头饲喂青贮玉米 12.5 kg，混合精料 6 kg（棉籽饼 25.7%，玉米面 43.9%，麸皮 29.2%，磷酸氢钙 1.2%），另喂食盐 30 g，在 104 d 的育肥期内，平均日增重 1 654 g。

在自由采食青贮饲料时，加喂青贮干物质 2% 的尿素对增重有利，尤其对体重 300 kg 以上的育肥牛效果更好。这是因为秸秆的纤维含量比较高而蛋白质含量低，因而养分消化率较低，补充尿素可增加氮源。同时还应注意补充能量饲料、矿物质和维生素。如果每日每头添加 10 ~ 15 g 小苏打，还可减少有机酸的危害。

三、微贮秸秆舍饲育肥

秸秆微贮是在适宜的温度、湿度和厌氧条件下，利用微生物活菌发酵秸秆，从而改善秸秆的适口性和饲喂价值。据报道，牛采食微贮秸秆的速度比采食一般秸秆高 30% ~ 45%，采食量增加 20% ~ 30%；若每天再补饲精料 2.5 kg，肉牛的平均日增重可达 1.32 kg。秸秆微贮工艺简便，易学易做，可制作的季节长，还可错开农忙季节和雨季，易于贮存，饲喂方便，并且微贮秸秆无毒无害。其制作成本约相当于氨化秸秆的 1/5，饲喂效果与氨化秸秆相似，可见其成本低，效益高，值得在肉牛育肥中推广应用。

四、糟渣类农副产品育肥

近年来，随着饲料价格的上涨，饲养肉牛的成本在不断升高，开发非常规饲料资源已经成为降低肉牛饲养成本的重要途径。酒糟、啤酒糟、甜菜渣、豆腐渣等农副产品都是肉牛育肥的好饲料。用白酒糟加精料育肥肉牛，可取得较高日增重。采用荷斯坦小公牛及西门塔尔杂交牛进行试验，每日每头饲喂 3.5 kg 混合精料和 12.5 kg 酒糟，在 60 d 的育肥期内平均日增重达 1.42 kg。用豆腐渣喂牛也能取得良好效果。有试验表明，每日每头牛饲喂豆腐渣 20 kg，玉米面 0.5 kg，食盐 30 g，谷草 5 kg，平均日增重可达

1 kg 左右。在甜菜产区，可用甜菜渣育肥肉牛。育肥牛每日每头饲喂甜菜渣 20 ～ 25 kg、干草 2 kg，秸秆 3 kg，混合精料 0.5 ～ 1.5 kg，食盐 50 g，尿素 50 g，日增重可达到 1 kg 以上。另外有试验研究表明，饲喂干粉碎葡萄酒糟对肉牛的生长性能和瘤胃发酵参数无负面影响，有利于改善机体健康，提高养殖效益。

五、高能日粮强度育肥

对 2.5 ～ 3 岁、体重 300 kg 的架子牛，可采用高能量混合料或精料型（70%）日粮进行强度育肥，以达到快速增重、提早出栏的目的。在由粗料型日粮向精料型日粮转变时，要有 15 ～ 20 d 的过渡期，可采用如下方案：

1 ～ 20 d，日粮粗料比例为 45%，粗蛋白质 12% 左右，每头日采食干物质 7.6 kg；

21 ～ 60 d，日粮中粗料比例为 25%，粗蛋白质 10%，每头日采食干物质 8.5 kg；

61 ～ 150 d，日粮中粗料比例为 20% ～ 15%，粗蛋白质 10%，每头日采食干物质 10.2 kg。

应注意的是，过渡期要实行一日多餐，防止育肥牛膨胀病及腹泻的发生，还要经常观察反刍情况，发现异常应及时治疗，保证饮水充足。

第四节　五花（雪花）牛肉生产

雪花牛肉即指脂肪沉积到肌肉纤维之间，形成明显的红、白相间，状似大理石花纹的类似于"雪花"的一种特殊牛肉，含有极其丰富的蛋白质以及大量人体所需的脂肪酸，其氨基酸组成比猪肉更接近人体的营养需要，可以提高机体的抗病能力，尤其是对于生长发育以及手术之后，病后调养的人在补充失血、修复体组织等方面特别适宜，因而雪花牛肉的营养价值比起普通牛肉来说要高不少。从 2010 年开始，这种依据外形被称为雪花牛肉的品种，瞬间在武汉被推广开来，成为一道"舌尖上的奢侈品"。餐厅都是按照每盘十片的规格来销售。四两肉的价格从一两百元到上千元不等，最贵的是牛背上的肉。最近一两年内，雪花牛肉销量呈一路看涨的局面。近年来，随着人们对食物的品质重视程度越来越高以及对食物营养价值的追求越来越狂热，雪花牛肉一时间成为大家关注的焦点。这种肉不仅看起来令人赏心悦目，食用起来口感也与普通牛肉大不相同。生产出高档的雪花牛肉具有十分可观的经济效益以及极其广阔的市场前景。雪花牛肉一般作为高档餐厅菜系的重要原料，这也是它受人们狂热追捧的原因之一。雪花牛肉在牛的身上很多部位均有，但根据其密度、形状和肉质有着等级之分。普通牛肉和雪花牛肉在脂肪中的成分具有很大出入。在国外，以日本的神户和牛产出的雪花牛肉最有名，在我国，也有培育出的可以产出雪花牛肉的品种。然而在这样的一个大背景下，用于生产高档雪花牛肉的育肥场也在不断增加，但大多数具有较大的盲目性。生产真正的高档雪花牛肉的牛的育肥和普通牛的育肥有一定区别，在饲养管理方面有着较为严格的标准和要求。

生产优质高档雪花牛肉需要具备优良的品种、确定育肥年龄以及进行科学喂养这三个条件。

一、选用优良品种

雪花牛肉源于日本和牛，近些年来国内已经涌现出一大批"雪花牛肉"自主品牌，如大连的雪龙黑牛、陕西的秦宝、延边的犇福，北京的御香苑、山东的亿利源、鸿安、琴豪等众多品牌。品种选择上以早熟品种易于达到，我国的地方良种黄牛如晋南牛、秦川牛、鲁西牛、南阳牛、郏县红牛、延边牛等，引进品种中的安格斯、海福特、日本和牛、肉用短角和西门塔尔等，均可作为生产"雪花"牛肉的原料牛。脂肪沉积条件好是雪花牛肉品种判断的一大要求。

对于不同品种的牛，其肉质特点以及最佳屠宰时间也大不相同，对应各个品种的牛，其饲养管理方法也不同，我们应该根据其品种来对应实施不同的饲养管理办法。

同一品种的牛也会有个体差异，确定了牛的品种之后还应同样重视个体牛的选择。主要从牛只来源以及性别和年龄这两个方面来挑选。若是有条件的育肥场应尽量自繁自养，从种源开始有计划地培育商品用育肥牛。若是异地育肥，原则上应从有关联交易的规范牛场和养牛大户这里选购牛只，最好是断奶后即购进；选购牛只必须进行严格检疫，牛只档案须清楚，不要从牛交易市场购入育肥牛只。生产高档雪花牛肉以阉牛育肥为最佳（母牛也可以），最好从断奶（6月龄）过渡期（约15 d）后即进入育肥期。

二、育肥年龄确定

肉牛的生长发育规律为脂肪沉积与年龄呈正相关，所以生产"雪花"牛肉应选择 2～3 周岁之间的牛，中小型品种应该选择 2 周岁左右牛，大型品种可以选择 2.5～3 岁牛。就目前看来，生产高档雪花牛肉的成熟技术将育肥分为 4 个阶段：7～13 月龄作为育肥的第一阶段，此为牛身体各器官组织需要完善生长的阶段；14～18 月龄作为育肥的第二阶段，此为牛自身肌肉快速增长阶段；19～24 月龄为育肥的第三阶段，这是脂肪沉积阶段；25 月龄至屠宰（为保证肉的嫩度，屠宰时间不能超过 30 月龄）为育肥的第四阶段，此为高档雪花牛肉生产的修饰阶段。生产高档雪花牛肉的肉牛育肥，首先要充分掌握其各阶段的生长发育规律，并且有目的地利用其各阶段主要生长发育方向，采用不同的饲养方法，以达到生产高档雪花牛肉的目的。

三、科学喂养

生产高档雪花牛肉的关键技术主要集中在育肥牛的饲养方面，要根据不同的饲养阶段采取对应的营养调控措施以及不同种类的粗料和精料饲喂方法。根据性别采取不同饲养管理措施：母牛沉积脂肪的速度最快，其次是阉牛，公牛沉积脂肪的速度最慢。饲料转化率以公牛最好，母牛最差。不同的性别其膘情与"雪花"肉形成不同，公牛须达到满膘以上，即背脊两侧隆起非常明显方可。

如果是自繁自养或育肥牛只来源可控（原则上不使用来源不明牛只作为育肥牛源），那么从犊牛开始就要加强饲养。犊牛出生后的 2 h 以内，要让其吃到初乳，并且保证在断奶前能随母亲吃到充足的常乳。为了促使犊牛瘤胃尽早发育和得到锻炼，要尽早补饲植物性饲料：7～10 日龄，开始训练犊牛采食优质青干草；15～20 日龄，开始训练犊牛采食精饲料；2～3月龄提前断奶的，要补给代乳料。同时，应注意牛奶中的含水量并不能满足犊牛正常代谢的需要，必须训练犊牛尽早饮水。犊牛培育期要提供舒适、卫生的生活环境，以保证其健康，使其得到充分的生长发育，坚决避免生长受阻。

另外，要获得"雪花"状优良而又嫩的牛肉，则必须在育肥的最后50～100 d 使牛处于高营养水平以获得较大的日增重。在不影响育肥牛正常消化的基础上尽量提高日粮能量水平。同时，蛋白质、矿物质、微量元素和维生素的供给量也要满足。在育肥生产高档雪花牛肉的育肥牛的过程中，因为育肥牛中后期主要饲喂高精料和干草，所以水的供应尤为重要，必须给生产高档雪花牛肉的育肥牛提供清洁、卫生、符合标准的饮用水。还应注意草料的选择，如少喂或不喂含花青素、叶黄素、胡萝卜素多的饲料。

第八章 肉牛的繁育

在目前的肉牛养殖行业中，规模化养殖已经成为重要的发展趋势，而规模化肉牛养殖的经济效益会受多方面因素的制约，主要包括肉牛繁育场母牛的繁殖效率与肉牛存栏量。为了提高规模化肉牛养殖的经济效益，必须做好肉牛繁育场母牛饲养管理工作，采取先进的饲养与管理技术，使这些母牛保持较高的繁殖效率，生产更多优质的肉牛。

第一节 肉牛选配

肉牛的选配是指在牛群内，根据牛场育种目标有计划地为母牛选择最适合的公牛，或为公牛选择最适合的母牛进行交配，使其产生基因型优良的后代，不同的选配具有不同的效果。

一、品质选配

品质选配就是考虑交配双方品质对比的选配，根据选配双方品质的异同，品质选配可分为同质选配和异质选配。

（一）同质选配

同质选配方法需要选择生产能力、外形或经济性状相似的公母牛进行交配，以巩固二者优秀性状获取高品质后代。这种选配方式可保证肉牛性状优良，提升纯合基因数量，但也可能增加有害基因结合的同质概率，固定双亲存在的缺点，导致肉牛生活力、适应力逐渐降低。

（二）异质选配

异质选配以生产性能、外形为主，将经济性状上基因各不相同的公牛与母牛进行交配，让公牛和母牛能够具备不同性状，形成兼具二者品质的优良后代。这种选配方式在于重组双亲基因中的优点、提升二者后代基因品质，让牛群优良性状得到变异遗传。

二、亲缘选配

亲缘选配是根据交配双方的亲缘关系进行选配，按选配双方的亲缘程度远近，又分为近亲交配（简称近交）和非近亲交配（简称非近交）。一般认为，5代以内有亲缘关系的公、母牛交配为近交，否则为非近交。从群体遗传的角度分析，在特定条件下，群体的基因频率与基因型频率在世代相传中应能保持相对平衡状态，如果上下两代环境条件相同，表现在数量上的平均数和标准差大体上相同，当选配个体间的亲缘关系高出随机交配的亲缘程度时就是近交，低于随机交配的程度时就是杂交。进行选配工作时牛场应重视选配计划，根据牛群育种情况制定合理目标与选配方案，避免牛群出现近交衰退问题。此外，肉牛交配还需针对母牛自身特征选配优秀公牛，当公牛接受后裔检测，且育种外貌、乳脂率、外貌的育种值或选择指数皆高于母牛后，应及时总结与分析每次选配结果，以提升肉牛选配质量。

第二节　肉牛杂交繁殖技术

一、杂交改良技术

杂交繁育也称杂交改良，广泛应用于牛肉生产环节中。不同种间与不同品种交配而出的肉牛称为杂交肉牛，总体来说是指种群或个体不同基因型进行交配，新品种肉牛培育也可采用杂交技术或改良原有品种，让原有品种更具优势，而后产生的品种称为杂种。品种间杂交由不同品种杂交所形成，这种品种称为远缘或种间杂交。牛的基因型可被杂交改变，在提升牛的杂交品种变异幅度的基础上，基因遗传让杂交品种可塑性更强，其中诸多肉牛品种皆通过杂交技术进行繁育。调查显示，本地黄牛在利用其他地区优秀肉牛品种进行杂交基因改良后，将比品种内杂交的黄牛效果更为显著，且品种间杂交技术可促使肉牛加快生长速度，提升饲养效率，产肉量也随之提高。

二、育成杂交技术

育成杂交基本分为三个阶级：第一，杂交阶段，此阶段主要目的是打破肉牛原有的保守型遗传基因，增强基因变异可塑性，让杂种类型更为丰富，在严格筛选后进行非亲缘交配、异质选配与定向培育，促使杂交品种与原预定标靠近，直至理想型杂交品质培育完成。第二，横交阶段，也是肉牛自群繁育的过程，由此不断发展与保持，获取预设理想型品种，让遗传基因更具稳定性。一般来说，肉牛在杂交阶段直至横交阶段只是时间问题，超过15%的杂种牛母牛与预设目标相符且杂种公牛也已经培育成功后，便可进入横交阶段，也就是肉牛可以开始自群繁育。在此阶段需要肉牛品系优良，种公牛应具备一定优秀特征，且公牛、母牛无血缘关系。而品系繁育需强调异质选配与同质选配，从中选择可继承品系的肉牛并增强培育，以此巩固肉牛基因优质性状，也可适当采用近交。第三，纯化阶段，此阶段的主要任务是在品系间进行杂交，培育出新品种肉牛，将品质优良的肉牛品系结合于单独个体内。不同品系开始杂交过程中应注重同质选配，充分考虑肉牛配偶生产能力、体质与外貌情况。想要达成预期杂交效果还需考虑肉牛亲和力，严格选配、选种杂交后代品系，利用定向培育方法生产新品种优质肉牛。

三、肉牛繁殖的技术要点

（一）初配要适龄

公牛和母牛在到达性成熟年龄之后，虽然已经具备了完全的生殖器官，也就是说具备了繁殖的能力，但是由于身体的发育尚且没有完全完成，因此是不适宜进行配种的，否则很容易影响到母牛自身以及胎儿的正常生长发育。

一般来说，母牛的初配年龄要根据肉牛的实际品种以及生长发育状况而定，通常要晚于性成熟时间，当其体重达到成年体重70%时可以进行配种。如果年龄已经达到，但是体重尚未达标，初配年龄则要推迟；反之，也可以提前。根据上述规律，如果是早熟性品种，公牛和母牛的初配年龄分别以15～18月龄和16～18月龄为适宜；如果是晚熟性品种的话，公牛和母牛的初配年龄分别以 18 ～ 20 月龄和 18 ～ 22 月龄为最佳。

（二）种公牛的选择

种公牛的选择至关重要，因此作为种用的公牛无论是在体质外貌方面，还是在生产性能等方面，都应该符合本品种的种用畜特级标准或一级标准，在经过测定后方能作为主力种公畜使用。总的来说，肉用性能和繁殖能力应是最为重要的两项指标，另外就是种公牛经过检测应该没有传染性疾病，健康状况优良，并具有极强的适应能力和抗病能力。成年种公牛每周可以进行 2 次精液采集。在采集之前，最好先用温水对公牛的阴茎和包皮进行清洗，之后再选用灭菌生理盐水进行冲洗。需要注意的是，精液采集完成之后，只有合格的精液方可使用。

（三）精液输送的方法

冷冻精液进入雌性肉牛的生殖道后存活时间大大缩短，因此，选用合适的时机进行精液的输送尤为重要。如果输送过早，容易导致精液衰老死亡；但如果输送过晚，排卵后的受胎率则不理想。因此，如果输送经过冷冻之后的精液，其输送时间应适当晚于新鲜精液的输送时间，而在间隔时间方面，则应相对短一些。另外，需要注意的是，与新鲜精液的人工授精相比，冷冻精液输入雌性肉牛生殖道的精子有效数大为减少，因此为了保证理想的受胎率，在进行精液输送时，最好将每头份的精液全部输入到子宫颈内口之前的部位。同时，冷冻精液的输送不能采用开膣器输精法，因为这种方法的输精部位相对较浅，对受胎率的影响较大，建议选择直肠把握深部输精的方法。具体来说，就是由输精人员将手臂插入到母牛的直肠内，然后以此为基础，将子宫颈进行把握与固定，而另外一只手则需将盛有精液的输精器经过雌性肉牛的阴道，插入到子宫颈的内口，将精液注入。这是人工授精的最后一个环节，也是最为关键的一个环节。输精质量的高低直接关系到肉牛的繁殖率，因此一定要做好输精工作。通常情况下，在输精之前，要进行必要的准备，主要是做好消毒工作；同时，要对即将接受输精的母牛进行必要的处理，主要是将尾巴固定在一侧，然后使用浓度为 0.1% 的新洁尔灭溶液对外阴部进行清洗和消毒，最后再用酒精棉球进行擦拭。对于输精人员来说，一定要身着工作服，剪短磨光指甲，佩戴专用手套。在进行精液输送时，一定要注意，如果母牛的情绪不稳定，可以采用饲喂、捏腰或其他有效的方式进行操作，如果母牛的直肠显现罐状，可以用手臂在直肠中前后抽动，以助其松弛。在进行实际操作时，动作一定要谨慎，以免对子宫颈和子宫体造成损伤。

（四）关于分娩

注意观察分娩前的预兆，一般来说在母牛生产前的数天时间，即可从乳头挤出少量的液体，到产前几天的时间，往往会充满初乳，而阴唇则是在分娩前的 7 d 左右就开始不断柔软、肿胀和增大，阴道的黏膜潮红，黏液也开始发生变化，逐渐变为稀薄润滑；而子宫颈则是在分娩前的 1 ～ 2 d 开始肿大等。这些都是分娩的前兆，一定要注意观察，把握分娩的时机。另外，就是要做好接产前的准备工作，对产房要进行全面、彻底的消毒，如果恰逢寒冷冬季，还要注意采取相应的保暖措施，防止犊牛冻伤；事先准备好相关用品与器械，主要是接产用具和药品、器械等。接产人员应具有良好的专业素养，熟悉肉牛的分娩规律，能够进行熟练操作。一般来说，接产主要按照以下步骤进行：首先对母牛的外阴部位以及周围部位进行清洗，使用绷带将其尾根缠好，并拉向一侧；当胎膜露出到胎水排出之前，手臂可以伸入产道，进行检查，确定胎向等。当胎儿的唇部或头部露出到阴门外，如果有羊膜覆盖，可以将其撕破，擦拭干净鼻孔内的黏液，便于犊牛呼吸；但需要注意的是，撕破不宜过早，否则容易导致胎水过早流失。观察努责以及产出的过程是否正常，待犊牛产出后，进行必要的处理，同时给母牛和新生犊牛注射破伤风抗霉素，防止感染破伤风。

（五）做好产后期的管理

产后期的管理不仅是对犊牛的管理，同时也包括对母牛的管理。对母牛应该加强观察，保证科学、合理的饲料供给，促进其能够在较短的时间内尽快恢复，防止各种疾病给母牛的恢复带来不良影响；做好对犊牛的管理，保证其充足的营养供给，按照其生长发育规律进行合理饲喂。

第九章　肉牛常见疾病防控

近年来，随着人们对高端牛肉需求量的提升，加之肉牛市场行情波动较小，养殖效益较高，养殖户的养牛积极性大大提升，肉牛养殖量呈现上升趋势，出现了肉牛养殖热潮。但随着养殖规模不断扩大，不少养殖户缺少养殖管理经验，牛肉养殖过程中频繁出现各类疾病，让养殖户遭受严重的经济损失，制约着养牛业的发展。为更好地服务牧场，现对肉牛养殖过程中多种常见疫病的防控进行了总结。

一、口蹄疫

（一）病因

口蹄疫是由小 RNA 病毒科口蹄疫病毒属的口蹄疫病毒所引起偶蹄动物的急性、热性、高度接触性传染病，人也容易感染，是一种人兽共患病。该病一年四季均可发生，对肉牛危害较大。

（二）症状

口蹄疫的潜伏期通常为 3～7 d，肉牛患病初期，多表现为喜卧厌立，体温升高，部分病牛的体温可以达到 42℃。发病约 3 d 后，观察病牛可以发现在舌头、牙龈等位置有白色的水泡，伴随着咀嚼动作会有不同程度的破裂情况，破裂后导致口腔黏膜溃烂。肉牛因此饮食困难，严重者饮食废绝，形体消瘦，导致病情进一步恶化。

（三）预防和治疗

养殖户确定肉牛患口蹄疫后，应第一时间将病牛隔离，因为该病具有较强传染性，且容易人畜共患，需要在地方兽医部门的指挥下，做好就地封锁工作。对于病牛之前接触过的食槽等器具，剩余的草料、饲料以及牛舍内部，都要使用2%苛性钠进行喷雾消毒。如果是连片的养殖区，周边的养殖场也要做好疫苗接种。对于病牛，可以使用口蹄疫高免血清进行皮下注射，用量为1 mL/kg。另外，根据病变部位不同，对于口腔病变的，可以使用0.5%高锰酸钾溶液进行溃烂部位清洗；对于蹄部病变的，可以使用3%来苏尔清洗。然后用干净纱布包扎，约7 d后恢复。

二、病毒性腹泻

（一）病因

肉牛病毒性腹泻（黏膜病）是由牛病毒性腹泻病毒BVDV引起的一种传染病。不同年龄的牛均可感染，多发于幼龄牛；病畜是主要传染源，其脾脏、血液、排泄物以及分泌物中均带毒，健康牛食用了被病毒污染的饲料或水源而致病；本病一年四季都能发生，常见于冬季和初春时节。

（二）症状

根据病程的长短，可以分为慢性和急性两种。慢性黏膜病在整个发病期内，伴随有间歇性腹泻，排泄物中可以发现未消化完全的草料，肉牛因为营养吸收不良而日渐消瘦，严重情况者可能会因四肢无力而行走困难。

急性黏膜病的腹泻现象更为严重，初期排泄物为水样粪液，有臭味，后期排泄物中发现血丝，部分病牛有体温升高的症状。对病死牛进行剖检，可以发现胃、肠、脾等脏器均有不同程度的黏膜出血，淋巴结肿大，消化道黏膜有轻度或中度糜烂。

（三）预防和治疗

中医治疗可以选择党参25 g，黄芪25 g，白术15 g，甘草20 g，当归15 g，白芍15 g，柴胡15 g，陈皮15 g，诃子10 g。用法用量：水煎后1次灌服。应用于犊牛效果较好。西医治疗可以使用林可霉素进行肌肉注射，1支/（次·d）。另外，无论采取何种治疗方法，在发现肉牛患黏膜病后，都要第一时间补充电解质和水。病牛的排泄物要坚持做到每日清理，并对牛舍进行彻底消毒，防止排泄物中的病毒继续感染其他肉牛。

三、瘤胃积食

（一）病因

养殖户投喂饲料时，没有做到粗精搭配，粗饲料过多，加上运动量少，导致肉牛的胃液不足，食物消化能力弱，久而久之容易形成胃内积食。投喂不科学，投喂饲料一顿多、一顿少，肉牛容易暴饮暴食，也会出现瘤胃积食现象。

（二）症状

肉牛出现瘤胃积食后，腹部明显增大，用手抚摸和按压瘤胃部位，坚硬且肉牛有疼痛感。排粪次数减少，容易转化为肠炎。病情严重时可发生脱水情况。

（三）预防和治疗

选择硫酸钠 400 mg，研磨成粉末后，倒入 1 000 mL 清水。再向混合液中加入植物油 600 ～ 800 mL，充分搅拌后，灌服，可以让牛将胃内积食排出。轻度瘤胃积食情况，可以采用按摩疗法，将手掌放于鼓起的腹部，按照顺时针方向按摩，持续 5 min/ 次，1 次 /h，同时给肉牛饮用大量清水，帮助消化。

四、瘤胃臌气

（一）病因

瘤胃臌气较为常见，分为原发性瘤胃臌气和继发性瘤胃臌气。

原发性瘤胃臌气主要由于肉牛食入过多易于发酵的青绿饲料，尤其是从舍饲改为放牧时非常容易发生急性瘤胃臌气。例如牛采食多汁易发酵的青贮料、发霉变质的干草、堆积发热的青草或者经冰霜冻结的牧草，通常都会出现发病。采食过多幼嫩多汁未开花的豆科植物，如三叶草、紫云英、苜蓿等，或者萝卜缨、白菜叶等，都会生成大量气体，从而引起发病。舍饲肉牛长时间饲喂干草，如果突然改成饲喂青草或者进行放牧而大量食草，或者误食有毒植物（佩兰、毒芹、白苏、白藜芦、乌头等），或者桃树、杏树、李树、梅树等的幼枝嫩叶，都能够引发急性瘤胃臌气。肉牛饲喂搭配不合理的饲料，供给大量谷物饲料，缺少粗饲料；或者饲喂过多块根饲料，如马铃薯、甘薯、胡萝卜等；或者饲喂黄豆、花生饼、豆饼、酒糟等没有提前浸泡和适当处理；或者缺乏某些矿物质，钙磷比例不合理等，都能引起发病。

继发性瘤胃臌气，最常见继发于瘤胃弛缓，另外瓣胃阻塞、食道痉挛、食道阻塞、创伤性网胃腹膜炎、瘤胃与腹膜粘连以及膈疝等，都能影响正常排气，促使瘤胃壁扩张，从而出现发病。

（二）症状

原发性瘤胃臌气。如果病牛采食后很快出现发病，可见腹部膨大，弓腰举尾，烦躁不安，停止采食和反刍，肉眼即可发现左腹部明显凸出，用手叩击有鼓音，张口伸舌，气促喘粗，不断摇尾，并用后肢踢腹，通过听诊发现瘤胃蠕动音减弱或者完全消失。有时可见病牛的嘴边附着大量泡沫，甚至出现呼吸非常困难的症状。病牛的存活时间存在明显差异。短则几分钟后就发生死亡，但部分能够坚持 3 ～ 4 h。

继发性瘤胃臌气。病牛初期瘤胃蠕动加快，接着很快发生瘤胃弛缓。在临床上，该类型不易治疗且容易反复发作，常出现无法彻底痊愈的现象。

（三）预防和治疗

1. 预防措施

（1）重视饲料管理。妥善保管饲料，避免受潮、发生腐败等。饲喂时，要求适量投喂，避免过少或者过多，防止过度饱腹或者过于饥饿等。更不允许突然更换饲料，尤其是在开春季节从舍饲改为放牧时，由于饲料种类发生变化，要经过适当过渡，使机体消化功能逐渐适应这种变化。

（2）科学饲喂。在牛喂食中，应控制日饲喂量合理。同时，对于不同生长阶段的牛，要对体况、体膘、育肥、增重等情况进行分析，调控饲喂量适宜。禁止突然更换饲料种类，特别是从舍饲变成放牧时，可先饲喂一些粗饲料或者干草，避免其贪食大量幼嫩多汁的豆科牧草而出现发病。另外，还要注重饮水，不可过度关注臌气而出现缺水，避免发生消化不良而影响育肥。一般来说，生长期的健康牛每天需要供给 30 ～ 40 kg 饮水。

（3）坚持适宜运动。肉牛坚持适宜运动，刺激瘤胃蠕动，提高消化能力，能够有效避免发生瘤胃臌气。需要注意的是，肉牛采食后不可立即进行运动，且长时间运动后也不可立即饲喂。

2. 治疗措施

（1）西药治疗。病牛发生原发性瘤胃臌气，可取 300～500 mL 5% 水合氯醛酒精液，分 2 次进行静脉注射，也可取 50～100 g 氧化镁和 100 g 药用炭，与适量水混合后灌服。

（2）中药治疗。牛用消胀散，取 15 g 炒莱菔子，27 g 牵牛子，17 g 槟榔，木香、枳实、小茴香、青皮各 35 g，全部研成粉末，加入 300 mL 清油，60 g 捣碎的大蒜，再与适量水调和后给病牛服用。

（3）穿刺放气。病牛发生严重瘤胃臌气时必须采取急救，常用套管针对瘤胃进行穿刺放气。选择膨胀部的顶点作为手术部位，病牛呈站立姿势保定，剪去术部被毛并进行消毒，先在皮肤上剪 1 个小口，接着迅速垂直将套管针刺入瘤胃内，进针深度适宜控制在 10 cm 左右，固定套管后将针芯抽出，且管口要用纱布块堵住，进行间接性放气。排气结束后，用手按住腹壁，使其紧贴胃壁，并将套管针拔出，最后用碘酒涂抹术部进行消毒。需要注意的是，放气时禁止过急，避免造成机体虚脱。

对于症状严重的病牛，在穿刺放气后，可通过套管针向瘤胃中注入 10～20 mL 经过稀释的福尔马林，抑制继续发酵。

（4）胃管排气。病牛转移到保定栏内呈正常站立姿势保定，右手持胃管经由鼻孔缓慢插入到食管中，如果没有气体排出，且胃管也没有出现阻塞，可能是由于胃管插入过深，使其插至瘤胃液内，此时可慢慢回拉胃管，直到排出大量的酸臭气体。随着病牛腹围不断减少，且恢复正常后即可停止放气。注意控制缓慢放气，防止过快放气而使病牛陷入昏迷或者发生死亡。

五、瘤胃酸中毒

（一）病因

牛长时间饲喂酸性青贮饲料或者采食发生霉变的饲料，由于以上饲料中含有较高水平的碳水化合物，易在瘤胃内发酵生成大量乳酸，造成全身代谢失调，从而引起中毒。另外，当牛处于饥饿状态时饲喂过多的精料，如玉米、小麦、稻谷或米糠等，或者没有妥善管理饲料，使其偷食过多精料，也可引起酸中毒。此外，牛饮水后直接进入圈舍休息，活动量明显减少，影响瘤胃内容物后送，使其积滞在瘤胃内逐渐发酵，从而引起发病。

（二）症状

病牛初期表现出精神状况日渐萎靡，采食量不断减少，无法正常反刍，停止嗳气，腹部维度明显增大，少数还会伴有轻度瘤胃臌气现象。排出褐色粥样稀粪，并散发难闻的恶臭味，四肢无力，无法正常走动。随着症状的加重，病牛精神萎靡，目光呆滞，停止采食，在圈舍中呆立不动，部分卧地不起，即使人为迫使其站立也无法正常走动，在走动过程中躯体左右摇摆，全身肌肉震颤。磨牙，饮水增多，呼吸加快，心跳加快，达到 110 次 /min 左右，体温升高，往往可超过 39℃，腹部明显膨大，用手对瘤胃进行按压，发现有波动感，且内容物稀软。排出少量赤黄色尿液，眼球向内凹陷，眼结膜严重充血，鼻镜干燥。个别在发病 3 d 后精神极度沉郁，食欲废绝，受到外界刺激时反应迟钝，闭目嗜睡，卧地不起。最终眼睑闭合，四肢伸直，陷入昏迷中死亡。

（三）预防和治疗

1. 预防措施

日常合理饲喂，禁止随意补料或加料，更换饲料时逐渐进行，使其有一个适应过程。在需要补料时，也要逐渐增多，禁止一次性补给较多的豆糊或谷物，并注意调控精粗比例适宜。另外，禁止给牛一次性饲喂较多容易发酵的饲料或酸性饲料，如青玉米、苹果、马铃薯、青贮饲料等，且饲喂时要采取从少到多的原则。

2. 治疗措施

（1）治疗原则。主要是矫正瘤胃和全身性酸中毒，抑制乳酸生成，尽快补充液体和电解质，同时维持循环血量，促使前胃和肠管恢复正常运动。

（2）禁食。病牛要先进行 1 ~ 2 d 的禁食，接着饲喂少许品质优良的干草。这是由于病牛有渴欲增强、瘤胃积液的现象，如果大量饮水往往会加速死亡，因此必须严格限制饮水。病牛症状轻且稳定时，一般经过 3 ~ 4 d 就可自行恢复采食。

（3）洗胃。对病牛通过鼻孔用塑料管（内径为 25 ~ 30 mm）进行洗胃，露在外面的一端可连接双口球，由此抽出瘤胃内容物，并向胃内注水，通过大量注水可将瘤胃内的谷物及酸性产物冲洗出来，即使病牛陷入昏迷也可通过抢救使之康复。如果病牛呼吸困难，并表现出窒息征兆，可先静脉注射

2000 mL 25% 葡萄糖溶液和 200 mL 3% 过氧化氢，然后才可继续洗胃。

（4）药物治疗。为解毒、中和胃酸，病牛可静脉注射 1 000 ～ 2 500 mL 5% 碳酸氢钠注射液，间隔 12 h 再使用 1 次，待其尿液 pH 值达到 6.6 时停止用药。为补充液体和电解质，病牛可静脉注射 2 000 ～ 2 500 mL 5% 葡萄糖生理盐水，初期用量可略大。为避免出现继发感染，病牛可静脉注射 100 万 IU 庆大霉素或 200 万 ～ 250 万 IU 四环素，每天 2 次。

如果病牛兴奋不安或经常甩头，可静脉注射 250 ～ 300 mL 山梨醇或甘露醇，每天 2 次，以使颅内压下降，解除休克。

为加速病牛体内乳酸的代谢，可肌肉注射 0.3 g 维生素 B_1。为刺激胃肠蠕动，使瘤胃恢复正常运动，可静脉注射促反刍液（由 350 mL 10% 浓氯化钠注射液、150 mL 10% 氯化钠注射液、20 mL 20% 安钠咖注射液组成）。

六、肉牛创伤性网胃腹膜炎

肉牛创伤性网胃腹膜炎是由于食入混杂有金属异物（如碎铁丝、钉、针等）的饲料、饲草，使其进入到网胃，导致胃壁损伤，并由于穿透网胃而损伤膈和腹膜，发生慢性局限性或急性弥漫性腹膜炎。该病会严重影响肉牛的健康及生产性能，尤其是症状严重时会使其发生急剧死亡，严重损害养牛业的经济效益。

（一）病因

肉牛食入金属异物的大小及形状所引起的病理变化有所不同。尽管较大的金属异物进入瘤胃后不会导致机体发生急性病变，但由于会在食道或者食道沟内停留，引起损伤时就会导致机体出现吞咽异常或者逆呕现象。当吞入的金属异物较小时，大部分情况下都会落入网胃，从而引起严重的危害。另外，由于网胃体积较小，具有很强的收缩力，促使胃的前壁和后壁比较容易相互接触，即使进入网胃的金属异物比较短小，也比较容易刺入胃壁，并以胃壁作为其支点，向前导致膈、心脏、肺脏被刺伤，向后会导致肝脏、脾脏、肠道及腹膜被刺伤，促使病情更加复杂且有所加重。

（二）症状

1. 急性局限性网胃腹膜炎

病牛表现出食欲突然显著减退或者完全废绝，体温有所升高，但有些在经过数天就会降低到正常水平，心率和呼吸基本正常或者稍有加速。肘外展，烦躁不安，站立时拱背，拒绝走动，卧地、站起时非常慎重。迫使其走动时，拒绝急转弯、跨沟或者上下坡。瘤胃蠕动缓慢，伴有轻度臌胀，减少排粪。触诊网胃区，会产生疼痛而使其明显不安。发病后的 24 h 内进行检查，对于典型病例容易诊断，但不同个体会有明显不同的症状。部分甚至只会表现出轻微的食欲不振，排出比较干燥的粪便，瘤胃蠕动减缓，轻微臌胀以及网胃区疼痛。

2. 弥漫性网胃腹膜炎

病牛表现出明显的全身症状，体温明显升高，可达到 40～41℃，呼吸可达到 40～80 次/min，脉搏加快，可达到 90～140 次/min，停止采食，排除少量的稀软粪便，胃肠蠕动音基本消失，毛细血管再充盈所需时间明显延长。病牛往往会发出呻吟声，尤其是在迫使其运动和起卧时比较明显。病牛拒绝站起或行走，且由于腹部大面积出现疼痛，很难通过触诊查找局部的腹痛。大部分病牛会经过 24～28 h 处于休克状态，且由于肝脏或脾脏发生损伤而导致胀肿，并不断扩散，往往会造成脓毒败血症。

3. 慢性局限性网胃腹膜炎

病牛被毛粗乱，失去光泽，机体消瘦，间歇性食欲不振，瘤胃蠕动缓慢，并伴有间歇性轻微臌胀，发生腹泻或者便秘，经过长时间治疗不会痊愈。

（三）预防和治疗

1. 药物治疗

治疗时，病牛要拴在一个前高后低的斜坡或牛床上，使其躯体呈前高后低的姿势，保持站立 7～10 d，并配合肌肉注射 1 600 万 IU 青霉素及 800 万 IU 链霉素，每天 2 次，连续使用 5～7 d，当体温及症状稳定后停止用药，或者按体重使用 150 mg/kg 磺胺二甲嘧啶，与等量小苏打混合后一次性内服，每天 1 次，连续使用 3～5 d，具有较好的治疗效果。

2. 手术疗法

对于症状严重的病牛适宜采用手术治疗，即让其呈自然姿势站立，保定牢固，剪去左侧肷部的被毛并进行消毒，麻醉后在左侧第四腰椎横突游离端下方的 5～6 cm 处作垂直向下切开，切开长度适宜控制在 20 cm 左右，打开腹壁后依次将皮肤、肌肉切开，促使腹膜组织露出，接着将腹膜用镊子提起，切一小口，向腹腔内插入食指、中指作为向导进行检查，触摸网胃和横膈肌没有发现异物，需要切开瘤胃。切开前先将瘤胃固定，然后先在切口线1/3处切一小口，促使瘤胃内的气体排出，之后才能切开瘤胃，术者戴上灭菌的乳胶手套，取出大约一半的胃内容物，再将手经由瘤—网胃孔伸入到网胃内查找异物，将其拔出后对创口及其边缘周围进行清洗，接着将 250 mL 添加有青霉素、链霉素、盐酸普鲁卡因的生理盐水倒入腹部，采取常规闭腹，再涂抹适量碘酊进行消毒。

七、尿素中毒

尿素是一种优质含氮肥料，常作为牛的蛋白质补充饲料在养牛业中应用，但如果饲喂方法不合理、误食过多尿素，或者饮用含有尿素的水，都能导致尿素中毒。如果病牛及时被发现并尽快采取治疗，通常愈后良好；如果未被及时发现或者治疗不当，就会损害养殖户的经济效益。

（一）病因

肉牛食入的尿素在到达瘤胃后，会在脲酶（瘤胃微生物分泌）的作用下，分解生成氨。一些氨可直接被瘤胃微生物利用，一些会被瘤胃壁吸收进入血液，运送至肌肉等组织中，在谷氨酰胺合成酶的作用下生成谷氨酰胺，再通过血液循环进入肝脏，最终形成尿素。其中一些尿素会随着血液循环到达肾脏，并通过尿液排出体外；一些随着唾液到达瘤胃发生分解，部分产物变成氨基酸，用于菌体蛋白合成，并供给机体生长和生产使用。如果每 100 mL 的瘤胃液中含有 75 ～ 80 mg 氨，加之脲酶活性高，会导致短时间内大部分的尿素发生分解，造成瘤胃内氨含量急剧增多，严重超出瘤胃微生物利用其合成菌体蛋白的速度，此时大量氨就会被瘤胃壁吸收进入血液，造成血氨含量明显升高。当每 100 mL 血液的血氨含量达 2 mg 时就会引起氨中毒；当每 100 mL 的血氨含量达到 7 mg 时，就会引起中毒死亡。

（二）症状

根据病牛摄取的尿素量不同，大部分在摄入 15 ～ 30 min 出现发病，如果没有及时采取有效救治，往往在 1 ～ 2 h 内发生死亡。病牛轻度中毒时，主要表现出兴奋不安，磨牙、流涎，伴有呻吟，瘤胃蠕动音变小。中毒较重时，主要是引起瘤胃臌气，停止采食、反刍，皮温不均，出汗增多，大量流涎，肌肉震颤，步态蹒跚。重度中毒时，主要症状是有大量白色泡沫状液体从口鼻流出，呼吸困难，眼球震颤，瞳孔散大，结膜呈暗褐色，心音亢进，脉搏增数乏力，部分达到 130 次 /min 左右，耳尖、鼻镜以及四肢发凉，腹围左侧快速增大，突出于髋关节，肛门变得松弛甚至发生外翻，伴有腹泻、腹痛，心音变得模糊，共济失调、只能卧地不起，角弓反张，陷入昏迷，最终死亡。

（三）预防和治疗

1. 预防措施

（1）采用正确的饲喂方法。尿素通常作为反刍动物蛋白质饲料使用，尤其是短期育肥的肉牛使用后具有非常明显的育肥效果，但要注意严格控制用量。利用尿素进行育肥时，确保小剂量添加，还要确保尿素的日用量和月用量适宜，通常日喂量适宜控制低于正常用量。饲喂时，先给肉牛喂草，接着才可喂尿素，或者在饲草中添加尿素混合后饲喂，在其采食时缓慢食入瘤胃，有利于机体吸收从而有效增重。

（2）提高尿素饲喂效果。肉牛对尿素的利用效率与其在瘤胃中的分解速度相关，当其在瘤胃内分解产生氨的速度较快时，就会导致大量的氨进入血液，这样不仅会造成尿素的利用率低，还容易发生中毒。为控制瘤胃中的尿素以缓慢速度分解，保证细菌有足够的时间利用氨来合成菌体蛋白，可在饲喂尿素时按照以下措施操作。

①在尿素饲料中添加醋酸氧肟酸，其是一种脲酶抑制剂，能够使脲酶活力降低，从而控制饲料中的尿素以较慢速度分解。

②对尿素进行加热处理，使其浓缩呈双缩脲和三缩脲，然后给肉牛饲喂。这些物质会以较慢速度分解，安全性高，但价格相对较高，尤其是母牛饲喂后，可能会有一些氨进入乳汁中，导致畜产品质量变差。

③使用保护剂，如将定量尿素与糊化淀粉（即煮熟的高粱粉、玉米粉）混合，或者按一定比例与腐植酸进行加热熔融，或者按 15% 的尿素与 85% 的淀粉质饲料（如玉米、小麦、大麦、高粱等）均匀混合，接着在适宜的压力、温度、湿度下加工制成凝胶状颗粒，通过包裹尿素后饲喂，以控制降解速度。

④制成尿素食盐舔砖供牛舔食。一般来说，食盐舔砖中的尿素含量适宜

控制在 5‰ ～ 20‰，还含有一定量的食盐以及其他矿物质元素。舔砖的优点是易于运输和贮藏、便于饲喂、采食均匀、尿素利用率高、安全性好，不会引起尿素中毒。

2. 治疗措施

（1）常规治疗。

病牛中毒后，要立即灌服足够的弱酸溶液，如 1 000 mL 1% 醋酸、250 ～ 500 g 糖以及 1 000 mL 常温水，并配合静脉注射 200 ～ 400 mL 10% 葡萄糖酸钙液，或者静脉注射 100 ～ 200 mL 10% 硫代硫酸钠液。同时，还要使用高渗葡萄糖溶液、利尿剂、强心剂等进行治疗。

（2）抢救措施。

①洗胃。先用大量温水对病牛进行多次洗胃和导胃，接着灌入足够的食醋，犊牛用量为 500 ～ 1 000 mL，成年牛用量为 1 000 ～ 1 500 mL。

②制酵。如果病牛腹围增大，可灌服 20 片胃复安片（甲氧氯普胺片，每片 10 mg）、15 g 鱼石脂、500 g 硫酸钠、50 ～ 100 mL 医用酒精以及 250 mL 常水。为减轻氨中毒症状，病牛可静脉注射 1 000 ～ 2 500 mL 复方氯化钠溶液、500 ～ 1 000 mL 25% 葡萄糖溶液、10 ～ 50 mL 10% 维生素 C、20 mL 10% 安钠咖，用于抑制渗透，并配合静脉注射 500 ～ 1 000 mL 25% 葡萄糖酸钙。

第十章 肉牛养殖与福利

随着人们对动物福利的重视，福利养殖逐渐成为畜牧业热点之一。肉牛可将牧草和作物转化为优质牛肉，在可持续发展畜牧养殖业中占有重要地位，近年来，我国居民生活水平不断提高，牛肉消费需求大幅增长，肉牛规模化养殖比例快速增加。随着我国肉牛规模化养殖的快速发展，加强肉牛福利养殖对增强肉牛身体健康、提高肉牛产品质量及增加养殖者经济效益日趋重要。

第一节 福利与肉牛健康

动物福利是动物适应其生活环境的状态。动物福利的良劣直接或间接影响到动物的健康。动物健康与诸多因素有关，如动物生活的环境、人类的关爱、饲养和管理等。2012 年，世界动物卫生组织第 80 届国际代表大会上一致通过了《动物福利标准指南》，该指南着重强调了肉牛福利措施的标准和说明。肉牛福利主要表现在满足肉牛康乐，尽量使肉牛活得自由、健康、舒适，得到良好的饲喂，充分表达天性，最大限度地提高肉牛生产力水平；充分保护肉牛以减少其受到不必要的痛苦和恐惧。本节主要从饲料、饮水和饲养管理方面中的福利问题对肉牛健康的影响展开讨论。

一、饲料、饮水与肉牛福利

（一）饲料

2010 年，英国皇家反虐待动物协会（RSPCA）发布肉牛福利标准，规定肉牛应随时能够获得新鲜的饲料和饮水，避免饥饿、干渴及营养不良等情况的发生，以保持机体健康。饲料营养要全面、平衡，以免出现营养缺乏或营养过剩等代谢性疾病；饲料质量要严格把关，严禁饲喂发霉变质饲料；饲料加工、贮存要严格遵守程序制度，防止营养成分的破坏及农药等化学物质污染。

生产实践中，为增加肌间脂肪的积累，养殖者通常给肉牛饲喂高谷物日粮，长期饲喂高精粮，可导致肉牛瘤胃中有机酸蓄积，瘤胃 pH 值下降，并逐渐降低后期挥发性脂肪酸总产量，使肉牛处于亚急性瘤胃酸中毒状态，进而损害肉牛健康、增加肉牛痛苦、降低福利水平。因此，在肉牛饲喂时需严格按照饲养标准，合理搭配日粮，加强营养管理帮助肉牛维持健康的瘤胃环境，提高肉牛福利水平，同时更有利于肉牛生长。

此外，饲槽的布局和尺寸要合理，达到满足肉牛的进食需求，以防止肉牛进食竞争。从而避免对肉牛生产性能产生消极影响。在一个封闭的牛舍中，若采食区空间受到限制，肉牛进食出现不正当的竞争时将严重影响肉牛福利。进食竞争不仅造成肉牛因采食量不足引起的生产性能降低，还会造成躯体损伤。研究发现，饲槽宽度小于 60 cm 时，可能对肉牛的日增重、饲料转化率等生产性能产生不利的影响。因此，在设计自由采食和限饲用的饲槽长度时，需根据肉牛的体重及牛群的规模科学设计。

（二）饮水

充足和优质的饮用水供应对确保肉牛的健康和生产性能至关重要。大型肉牛养殖场应重视供水系统的配置、供水设施是否经常清洁、冬季供水温度等影响肉牛健康的重要问题。

饲养者对 7 日龄以上的牛必须每日持续供给新鲜充足洁净的饮水。饮水槽的设计要保证全群肉牛能同时进行饮用，且提供给 350 ~ 700 kg 的肉牛每头最小 450 ~ 700 mm 的饮水槽宽度。此外，大量研究表明，家畜在冬季饮用温水对日增重具有显著提高作用，温水可能更适宜瘤胃微生物的生长与繁殖，因而能提高肉牛的生产性能。在肉牛的饲养管理中，在保证饮水充足的基础上，饲喂粗精合理搭配的日粮，同时冬季供应温水、夏季供应凉水来缓解冷热应激的管理措施，可以显著改善肉牛的养殖福利，提高养殖效益。此外，饮水槽布局和尺寸也需合理，避免引起饮水竞争。

二、饲养管理与肉牛福利

（一）饲养密度

饲养密度是影响畜禽福利水平的重要因素，且高密度饲养是诱导肉牛争斗的一个主要原因。当饲养密度过大时，肉牛个体之间接触紧密，从而使牛群无法自由、充分地表达自己的天性，导致不正常行为发生的频率增加；此外，肉牛会排出大量的粪便和尿液，不仅污染环境，还会增加空气中的氨气浓度，可能导致肉牛氨气中毒；并且饲养密度过大会导致牛舍温度过高，污气重，牛舍内的二氧化碳浓度增加，氧气含量降低，低氧的生活环境容易引起肉牛的各种疾病，影响生产性能的发挥；再者饲养密度过大还增加了牛与牛接触的可能性，增加了呼吸道等疾病传播的可能性，损害肉牛健康。

与之相反，大量研究表明，随着饲养密度的降低，肉牛站立时间和脏污指数均降低，福利水平有所上升，生长性能也有一定的提高。普遍认为 3.6 m^2/头的饲养密度对促进肉牛生长并提高其福利水平及经济效益有显著效果。合适的饲养密度，减少了牛体间争抢空间和饲料等现象，让肉牛能充分表达自己的行为，释放天性，减少疾病产生，对肉牛健康和福利更有利。

（二）饲养方式

饲养方式对肉牛的生长性能和福利水平均可产生影响。大部分的饲养模式都能允许动物表达自然行为，虽然对能够表达自然行为是否是保证动物良好福利必不可少的指标还有争论，但确实有资料证明限制动物某些行为会损害动物福利。

我国肉牛育肥多采用舍饲，主要有定位拴系和舍饲散放两种方式。拴系式饲养虽能够节约一定的空间且便于饲养人员的管理，但限制了牛只的自由活动，有的甚至连站立和趴卧都比较困难，对牛体健康产生不同程度的影响。研究发现，拴系饲养会显著降低肉牛的总反刍时间和总反刍周期数以及爬跨等行为，并显著增加舔食槽等异常行为的发生。舍饲散养条件下，牛只可以充分自由活动，且研究证实，散栏式饲养有利于肉牛生长，对肉质也具有明显的改善作用，肉牛日增重及其血清中谷丙转氨酶、谷草转氨酶、肌酸激酶含量显著提高。因此，按照动物福利要求尽量选择舍饲散养方式进行饲养管理。

（三）去势

去势是以外来方式除去动物的生殖系统或使其丧失功能。肉牛生产中对公牛去势主要是为了降低公牛的好斗性或侵略性，避免胴体挫伤和肉色发暗，同时还可以防止对饲养人员和牛群中其他个体造成伤害。此外，对公牛去势后进行育肥，可提高牛肉的嫩度、大理石花纹和口感，市场售价更高。因此，公牛去势已经成为集约化、规模化肉牛生产中一项重要的生产技术。

公牛去势方法包括物理去势、化学去势和免疫去势。物理去势又分为切开阴囊去除睾丸法、使用无血去势钳去势法、橡皮环结扎法等，其中使用外科手术法去势动物的疼痛感更强，橡皮环结扎法的疼痛感相对轻微但持续的时间更长一些。化学去势法是给公牛的睾丸中注射一些化学药品，从而导致睾丸停止分泌性激素，该方法可能引起睾丸肿胀和疼痛，但总体疼痛感比物理去势法要小。免疫去势法是通过给公牛注射一些激素或疫苗，从而中和或阻止性激素的释放，导致动物失去生育能力。总体来说，物理去势是目前使用最广的公牛去势技术，但免疫去势和化学去势对动物福利更有利。

为提高动物福利水平，减轻牛物理去势中的疼痛感，操作者可以提前使用麻醉剂或止疼药，降低神经系统对随后刺激的敏感性，手术后还可使用消炎药防止伤口感染。目前，欧洲一些国家法律规定牛去势之前要使用麻醉剂或止疼药，美国兽医协会明确支持使用局部麻醉和止疼药等必要的措施减轻或消除牛去势时的疼痛。实际生产中考虑到肉牛的疼痛感和应激反应，因此对于任何年龄的牛去势时都推荐使用麻醉剂和止疼药。

（四）去角

为方便管理，牛场经常采用去角措施。去角不仅降低了牛的伤害风险，而且增大食槽空间，降低因牛只间争斗产生的胴体损失。但是去角对牛的健康也会产生不利影响。研究发现，去角降低了肉牛的福利，最直观的现象就是增加了肉牛的发声次数。通过皮质醇水平测定发现局部麻醉也并不能减轻肉牛去角而引起的痛苦。

生产实践中，采用苛性钠烧蚀、火烙铁烧烫的方式进行犊牛角胚的破坏，达到阻止犊牛角生长。在采用苛性钠棒烧蚀过程中，渗出的苛性钠液体造成周边角部、眼部等面部皮肤损伤，同时若去角不彻底还会造成去角残留引起牛角异常生长；采用火烙铁烧烫时，若温度把握不准、位置掌握不当极易造成烧烫失败或位置不准，致使去角失败，这两种去角方式若操作不当均给肉牛带来极大疼痛、头部炎症反应,甚至发生破伤风感染。

因此,从动物福利的角度,生产者可以寻求兽医指导,以便根据肉牛的种类和生产体系确定去角的最佳方法和时间。对于牛角比较结实的大龄牛,选择无痛或麻醉去角的方法,且操作员应受过专门训练,掌握去角方法,并能够识别可能出现的并发症。若没有办法消除或减轻去角对肉牛本身造成的压力和痛苦,可以通过遗传改良方式培育无角牛以改善动物福利。

(五)人畜关系

饲养人员的操作管理对肉牛的各个方面都会产生重要影响,并且直接影响肉牛的福利水平。比如,在赶牛的过程中,有些饲养人员为了让肉牛快些行进,会对其辱骂和驱打,这些行为很可能引起肉牛应激,进而增加患病风险和降低产肉性能,暴力行为会降低肉牛的福利水平。动物与饲养人员间的关系,可以极大地影响动物对一系列因素的反应,甚至影响到动物健康。早期的、积极的人畜关系正向接触,可以使动物愿意接近饲养人员,减少应激;反之,动物则表现为逃避,诱发动物应激。动物健康除了表现为身体健康,没有疾病,还包括心理健康,精神愉悦,即没有忧虑、压抑、恐惧、应激等不良情绪。

在肉牛饲养中,通过正向的刺激创造积极的情况或"奖励"是提高肉牛福利的有效方法,如刷拭、冲洗、保养是肉牛饲养福利的关键环节。研究发现,肉牛被刷拭时有"倚着刷子"等表达心情愉悦的行为,肉牛的心情舒畅,提高肉牛福利水平。刷拭牛体能减少疾病传染,刷拭的过程中还能促进饲养员与牛之间的感情,让牛的性情更加温顺,便于管理。此外,刷拭能提高肉牛采食量、日增重,并加速肉牛血液循环和新陈代谢,还能在一定程度上降低料肉比,对肉牛的生长性能及新陈代谢均有积极作用。

第二节　福利与肉牛产品质量

随着社会经济发展和人们生活水平的提高,人们日益关注食品安全这一问题,动物源性食品安全问题已成为畜牧业发展的一个主要矛盾。其中,动物福利是影响动物产品品质与安全的重要因素。基本的动物福利措施有助于改善动物的健康状况,而动物的健康同动物生产性能有着直接的密切联系。动物福利措施有助于提高动物源性食品的安全。在第二届世界农场动物福利大会上，动物福利被纳入食品安全和可持续发展的重要内容。

肉牛作为重要肉品来源，为人们生活提供营养丰富的牛肉产品，并且因产业链长，面临的福利问题多很受人们关注。提高动物福利不仅能为动物谋取福利，还能为人类提供更加营养健康安全的畜产品并达到可持续发展的目的。因此，在运输和屠宰过程中给予肉牛一定的福利，这不仅是从人道主义的角度考虑，更是从另一侧面对提高肉牛产品质量提出了更高的要求，应当引起高度重视。

一、出栏运输与产品质量

（一）驱赶

在装卸、驱使、宰杀肉牛时都涉及暴力驱赶牛，少数工人动作粗暴、殴打牛只。有些工人因为有效驱赶牛只设备较少，多使用尖锐的铁棍和木棍，这些驱赶工具前端多尖锐，使肉牛受到严重惊吓，产生极大恐惧，且易造成皮肤瘀伤。或者使用鼻钳子、电鞭等驱赶设备，这些工具的使用也会给肉牛带来疼痛和严重应激，增加肉牛后退、转圈、打滑、跌倒和堵塞的发生率，增加驱赶难度，导致皮肤淤血损伤、内脏受伤、骨骼断裂、心率升高、血乳酸增高及血点牛肉，严重影响牛肉产品质量。

基于此，驱赶牛只时要求驱赶牛的工人有耐心，驱赶要符合动物本身的习性，严禁因殴打造成牛的身体损伤，也不能对牛拳打脚踢。禁止用硬物驱赶，或者使用新型的驱赶工具取代传统的驱赶器械铁棍和木棍等，如压缩空气棒，不仅可以提高肉牛福利，还可以减少肉牛应激反应，减少胴体上的皮伤和带血肉现象，保证牛肉品质。

（二）装卸

装卸过程中的应激也会影响肉质变化，肉牛从牛圈转移到卡车也是运输过程的关键阶段。在肉牛运输装载卸载时，由于部分牛圈和牛栏设计不太符合动物福利的要求，驱赶时常会发生剧烈的追赶，如上下车在车辆与地面间缺少坡道步行板，运载通道上尖锐的边缘突出及通道地板滑腻造成牛只受到伤害。或者运输工人使用棍棒、叫喊、奔跑等威吓动物的方式驱赶牛群上车，甚至用棍棒击打眼睛、嘴、生殖器或腹部的敏感区域，导致牛群出现滑倒、摔倒、往回走、堵塞、向后退等应激行为，直接导致肉牛宰后皮肤瘀伤增加，DFD（宰后肌肉 pH 值高达 6.5 以上的肉）肉比例增加，牛肉的色泽变暗、口感变差、瘀斑增加，严重影响牛肉的感官理化品质和价格。

因此，在装卸车过程中，使用适当的装卸设备，尽可能采取水平方式装卸牛；无法避免的坡道应尽量平缓，不能太陡（坡度不宜超过 20°），应采取防滑措施及安全围栏；通道不能有尖锐物体以免造成外伤，通道和门的设计必须使动物可以在必要时无障碍地通过。开关门时，必须尽可能降低引起动物不适的多余噪声，必要时应安装降噪设备；所有装载坡道和卡车后挡板必须经过合理设计并覆有担架，以防动物跌倒或滑倒；在装卸牛的过程中应以最小的外力实施，尽可能引导牛自行走入或走出运输车辆，不得采取粗暴的方式驱赶，牛到达目的地后应及时卸载。

（三）运输

运输作为不可避免的程序，对肉品质量和安全都有明显或潜在的威胁，因此在实际生产中，如何安排和选择合理的运输时间、运输方式和运输人员对于提高动物福利、改善肉品质尤为重要。出栏牛运输过程中的福利问题，不仅涉及死亡和脱水造成的生产损失，而且运输条件不佳或长途运输也会造成牛肉质量下降，恶劣的运输条件和长途运输会危及牛只健康。

肉牛在运输过程中会遇到的一些潜在的福利问题：①牛只在寒冬和酷夏长途运输过程中受到的冷、热应激，如高温高湿条件运输牛，到达屠宰场后立即屠宰，会使牛产生大量水分渗出的 PSE 肉（俗称"水猪肉"）。②运载工具上尖锐的边缘突出及地板滑腻、没有用隔栏将牛只分开造成牛只受伤害，降低肉牛胴体质量。③我国地域辽阔，国内家畜长途运输普遍，但研究发现运输时间影响动物死亡率。长途运输还会使家畜体重明显减轻，宰后肉嫩度下降，运输后会出现皮肤擦伤、产生 DFD 肉，且运输时间越长，肌糖原的消耗越大，引起的皮肤擦伤和 DFD 肉概率越大。此外，长时间的运输会让肉牛缺乏睡眠而疲劳，导致牛肉颜色变深，降低牛肉品质。④在长途运输牛的过程中，为了节省空间、减少运输费用而把牛置于拥挤的车厢里，使得牛只在运送过程中由于装载过度、互相挤踏而受到严重伤害。⑤由于路况和驾驶技能等造成车内颠簸，致使运输牛只晕车、倒卧，受到挤压致残。⑥不同圈舍中的年轻公牛混装在一起引起侵略、恐惧和伤害均可使肉的品质下降，出现色深、坚硬和干燥的 DFD 肉。总之，出栏肉牛在运输时，由于环境的改变和受到惊吓等外界因素的刺激，容易过度紧张而引起疲劳，破坏或抑制了正常的生理机能，使肉牛往往表现为呼吸急促、心跳加速、恐惧不安、性情急躁、体内的营养和水分大量消耗、能量代谢加强，导致肉牛糖酵解作用补充能量，使得宰后肌肉中糖原和乳酸含量发生变化，进而影响肌肉 pH 值变化速度和最终 pH 值，最终影响肉牛的活体重、宰后胴体重和肉品质。

针对肉牛运输过程中的福利问题，一是要考虑牛只在不同季节运输受到的冷、热应激，如夏季运输要有遮阴网和喷淋等防暑降温设施，冬季要注意防寒保暖等；二是长时间运输要保证充足的饮水，长途运输易引起牛只脱水造成死亡，因此在运输过程中需要提供洁净的饮水；三是运输工具上的尖锐边突需要包裹或进行钝化处理以免造成牛体外伤，运输地板要做防滑处理，防止运输过程中牛只滑倒造成的挫伤和伤亡；四是运输过程中要提供饲料及垫料，保证有足够的运输空间和良好的通风设施；五是减少运输时间，避免长途运输，就近屠宰，提高动物福利，改善肉品质，提高养殖户收益。

二、屠宰与产品质量

（一）待宰福利

屠宰前的禁食和静养方式都是影响胴体和肉质的主要因素，会导致肉牛的皮肤损伤和胴体质量下降。研究表明，肉牛宰前持续的强烈应激可导致机体肌糖原降低到临界水平，造成宰后尸僵过程不完全，使肉质 pH 值增高，形成暗黑色牛肉。宰前禁食会影响肉牛能量代谢，进而引起屠宰后的一系列生物化学变化，从而影响宰后肉的 pH 值、持水力、嫩度、色度等肉质指标。研究发现，宰前禁食虽然会减少屠宰过程中粪尿的污染，提高卫生水平，但宰前长时间禁食对牛肉嫩度也有一定影响。

肉牛的入栏进圈也会影响动物福利和肉质。在宰前休息期间，不同年龄和体型的动物之间的接触、健康和生病的动物接触、动物缺水以及通风和温度的不足都可能导致动物干渴、脱水、焦虑、躁动、创伤、冷热等应激。综上所述，肉牛宰前要充分休息，要提供饮水，避免噪声等各种外界刺激，最大程度减少待宰牛的恐惧，并给予一些可以降低动物应激、改善肉质的水溶性的各种糖、电解质的混合性补充料，以降低宰前应激，有效提高牛肉嫩度。

（二）屠宰方法

肉牛屠宰过程中如果不符合动物福利要求，会给被屠宰牛只造成极大的身体伤害和应激，进而使牛肉品质严重受损。屠宰人员的不当操作，如使用电刺棒或棍棒、击晕方法不当、放血不完全等，都会影响牛肉产品的质量，主要表现为 PSE 肉或 DFD 肉。研究发现宰前致晕与否并不影响肉 pH 值或蒸煮损失，但电击未致晕屠宰可导致肌肉持水能力、嫩度和颜色值较低，尤其是明亮度，并使脂肪氧化值和峰值力较高。尽管致晕不影响 pH 值或蒸煮损失，但是屠宰后不同贮藏时间在保水能力、嫩度、脂质氧化和色泽等方面存在显著差异。这些对肉质的不良影响主要发生在半腱肌。由于应激时释放的皮质醇和儿茶酚胺（多巴胺、去甲肾上腺素和肾上腺素）直接刺激糖原，从而影响肉的酸化。在电击屠宰的动物中，皮质醇、多巴胺和去甲肾上腺素明显升高。因此，屠宰前对肉牛实施电击致晕后屠宰在卫生、感官质量和肉类货架期方面较无电击传统屠宰更有优势。

综上所述，必须采用现代规范化的屠宰流程和先进的屠宰设备，最大化地保障肉牛福利，同时减少肉牛应激，改善肉品质。屠宰肉牛时应当遵循人道主义原则，尽量减少或降低肉牛精神压力、恐惧和痛苦。牛只在待宰与屠宰时要单个分开进入屠宰间，瞬间电击休克，最快时间内放血死亡，严禁出现放血后牛只恢复知觉挣扎情况的发生。屠宰时，采用屠宰场积分系统对屠宰过程进行评价，详细指标可以包括第一次致晕有效率、肉牛被悬挂在屠宰架上必须是无意识状态、驱赶过程中摔倒的比例、驱赶和致晕过程中发出叫声的百分比、使用电棍驱赶的百分比，全面对屠宰进行评分，使肉牛在一个极短的时间内处于无意识状态，免受恐惧和疼痛。这样既符合动物福利的基本要求，也会大大降低动物应激反应，保证牛肉品质不受影响。

第三节　肉牛福利与环境控制

生产环境的优劣可以直接影响动物的健康，是保证动物福利的重要方面，良好的生存环境不会引起动物的燥热不安、恐惧和痛苦，并能充分表达它们的天性，生产环境中的不利因素不是单一的而是复合的。长期持续的不利生产环境会导致动物个体或群体的不适，引发慢性应激，首先引起个体的不舒适感，同时长时间的心理不适，还会引发机体免疫力下降，导致个体易感而发病。此外，不舒适的环境又会加剧疾病的发生。目前肉牛养殖从业者已经从单纯的关心如何照顾肉牛转移到了如何提高肉牛生活环境的舒适度等。因为，不管从动物福利还是经济的方面考虑，都应该尽可能地给肉牛提供舒适的生活环境。

一、热环境

极端的气候条件是肉牛产业确保高水平动物福利所面临的重大挑战之一。虽然牛可以适应较大的环境温度跨度，尤其是品种的选择已考虑到特定条件，但气温的突然波动可能导致热应激或冷应激。在炎热的夏季，高温、阳光直射与辐射、气流及湿度是造成动物应激的主要环境因素。在一定温度范围内，牛的代谢与体热产生处于最低限度时，这个温度被称为等热区。在等热区内，牛最为舒适健康，生产性能最高，饲养成本最低。温度过高，可能会造成体温调节失调及生产性能下降。温度过低维持需要增加，饲料转化率下降，饲养成本增加。湿度升高将加剧高温或低温对牛生产性能的不良影响。空气湿度对牛机能的影响，主要通过水分蒸发影响牛体热的散发。一般是湿度愈大，体温调节的范围愈小。高温高湿的环境会影响牛体表水分的蒸发，从而使体热不易散发，导致体温迅速升高；低温高湿的环境又会使机体散发热量过多，引起体温下降。气流对牛的主要作用是使皮肤热量散发。人工气候室试验结果表明，在高温或低温情况下，风速对产奶量的影响十分显著。总之，不适的温度和湿度以及不良的空气环境会抑制肉牛健康生长，降低饲料转化率。

在夏季时，高温、高湿环境极易造成肉牛热应激，当温湿度指数超过正常范围时，肉牛出现热应激，影响其生长、免疫以及繁殖性能。可以通过在畜舍安装风机喷雾系统等降温设备，有效缓解肉牛热应激。如果条件允许，对肉牛采取头部局部降温措施，缓解应激效果更好。此外，动物管理员应意识到热应激对牛的风险。如果预计气温能产生热应激，应中断日常牛的移动。如果热应激风险非常高，动物管理员应实施紧急行动计划，包括降低饲养密度、提供遮阳、自由饮水，并通过洒水湿透被毛降温。

在冬季，极端天气条件对牛的福利构成严重风险时应提供相应保护，特别是对新生牛、小牛以及其他生理损害牛。可提供天然或人造的防护结构。动物管理员应确保牛在冷应激期间能获得足够的饲料和饮水。在极端寒冷的天气条件下，动物管理员应实施紧急行动计划，提供牛舍、适合的饲料和饮水。

二、空气质量

良好的空气质量是保护肉牛卫生和福利的一个重要因素。空气质量与空气的组成相关（如气体、粉尘和微生物），并深受管理条件影响，特别是集约化管理系统。空气成分受装运密度、个体大小、地面、牛床、废弃物管理、牛舍设计和通风系统等影响。在集约化系统中，肉牛生活在比较封闭的牛舍中，空气质量的好坏直接影响机体健康。如，牛舍中氨气浓度过高会导致肉牛生长性能、免疫功能以及抗氧化功能下降，诱发炎症反应，造成慢性肝功能障碍。因此，牛舍建筑应根据要求，设计并安装必要的通气设施；在饲养过程中，应采取相应的通风措施来改善通风，保证空气质量；将空气的流通量、尘埃水平、温度、相对湿度和有害气体浓度控制在限制水平之下；防止密闭单元内氨气和废气滞留，封闭牛舍中，氨气不应超过 25 mg/m³；及时清理粪便和更换垫料，为肉牛提供舒适的环境，改善肉牛的环境福利，促进肉牛生长。

三、环境设施

（一）牛床

牛床是牛场设施中的一个重要组成部分，其舒适度对肉牛的反刍行为和休息行为具有重要影响，可间接影响肉牛的健康和生产性能等。牛床不舒适，例如尺寸较小，休息区与运动区没有隔离，垫料材料不舒服，大量粪尿堆积未及时清理，导致肉牛长期处于站立状态，则会减少肉牛的睡眠时间，影响肉牛的反刍和休息，损害肉牛福利，不利于机体健康。

牛床的设置应保证肉牛的起卧和活动，牛床不能太短，要考虑肉牛在起立过程中前后移动的距离，但也不能过长，过长会导致粪便堆积到牛床上，影响肉牛健康。垫料种类对肉牛的舒适度也有重要影响，应根据肉牛群体特点来合理配置卧床，采用稻草或其他垫料时，应保持干燥和舒适，可供牛躺卧休息。

（二）地面

牛舍的地面是肉牛在生活、生产过程中经常接触的部分。地面是否干净卫生以及地面设置及材料对于肉牛站立或行走或休息是否舒适，直接影响肉牛的健康和生产性能等。实际肉牛生产中，肉牛所处的地面大多是混凝土地面，其中有的是沙土地面，但沙土地面的粪便和尿液很难清理，容易引起足部和四肢疾病。有些则是为了方便清理粪污使用硬度较大的漏缝地板，高硬度的漏缝地板不利于肉牛的肢蹄健康。

鉴于牛舍地面对肉牛的肢蹄健康和牛体卫生具有重要影响，因此，应保持地面干净、干燥，致密坚实又不失柔软，同时还应考虑利于消毒和粪尿清理。橡胶地面更加舒适，有利于肉牛的行走，水泥地面有利于粪尿的清理，应根据肉牛的活动特点采用合理的地基材料。若肉牛养在漏缝地板上，则板条和缝隙宽度应与牛蹄大小相适应，以防止牛受伤。在任何可能的地方，漏缝地板上的牛都有权使用牛床。

（三）运动场

运动场是肉牛生产中必不可少的场所，适当的运动有利于肉牛健康和生产性能的发挥。然而有些牛场没有配置运动场和体育设施，使得肉牛无法进行运动，不利于提高肉牛的福利水平。尽管养牛场配备运动场，但使用劣质材料建成，地面凹凸不平，肉牛在上面活动不舒适，有些凸起甚至会伤害牛蹄，导致蹄病的发生。

因此，肉牛的运动场应保持干净卫生舒适，运动场地面材料有很多种，如水泥材质，砌砖，干牛粪和沙土等。水泥地较硬，不利于肉牛的运动，砌砖要优于水泥地，干牛粪和沙土材质较软，有利于肉牛的运动，但不利于卫生管理，可以对运动场进行分区，采用不同的材质建成地面，使肉牛在不同条件下都能舒适运动。

（四）照明和噪声

光照可影响动物的生理反应和行为。光照周期对多种动物繁殖起着关键性的调节作用，还能影响动物的体重增长和采食量。光照过强引起动物打斗行为增加，异常行为增多；光照不足，可能影响动物的繁殖和发育。因此，若牛长期处于黑暗的生活环境，自然光照不能满足其生活需要，为保证其卫生和福利，应根据自然周期提供照明，促进其行为自然。但同时还要保证牛有充足的休息时间，免受人工光照影响。

动物对声音较为敏感，喜在较安静的条件下生活，突然的噪声很可能导致动物应激。研究发现，噪声可以引起肉牛紧张恐惧，导致心率加快、立卧不安等。尽管牛能适应不同程度和类型的噪声，但应尽可能避免让牛突然暴露于噪声环境或高强度噪声中，以防止应激和恐惧反应（如惊逃）。因此，养殖场选址、设计、牛风扇、送料机械或其他室内外设备的设计、放置、操作和维护应合理，尽量减少噪声。

第四节　肉牛福利与牧场经济效益

动物福利在畜牧业发展和社会生活中扮演着愈加重要的角色，随着现代养殖业的迅速发展，动物福利的保障对养殖生产力的提高和公共卫生安全都起到了不可替代的作用。各种研究也发现，改善动物福利有助于降低应激反应，增强动物机体免疫力，提高繁殖性能及产品品质，对养殖效益的提高有着巨大的帮助。此外，越来越多的国家已经把动物福利作为动物产品进口的新标准，形成了一种特殊的动物福利贸易壁垒。因此，为了提高我国肉牛养殖户的效益，提高肉牛福利迫在眉睫。

一、福利养殖与生产成本

农场动物的经济效益与动物的健康状况、福利水平密切相关。与粗放式管理条件下相比，在集约化养殖模式下，由于动物没有活动空间，正常生理行为得不到满足，饲养密度过大，导致养殖场温度升高、通风不良，有毒有害气体浓度增大，动物的体质和抗病力大幅下降、动物之间打斗和争抢食物和空间、畜禽疾病频发、牧场以及周边环境污染等一系列问题，究其原因是畜禽根本无法适应这一新的生产方式，动物福利低下的后果。此外，当动物处于亚健康或疾病状态下，会导致生产性能下降、个体损伤过多、使用寿命短、死亡率高、用药量大、动物产品质量和安全性下降等一系列棘手的问题。

研究发现，改善动物福利可以降低应激水平，增强动物机体免疫机能，满足动物行为需求，提高生产性能和繁殖性能。因此，可以通过肉牛福利式养殖，重视肉牛的福利要求，在饲养管理过程中提供适宜的环境，减少牛只之间的争斗，降低伤亡率；提供充足的饲料和饮水，加快肉牛的生长速度，更大程度地发挥动物的遗传潜力；合理的饲养密度，增加肉牛的运动量，提高牛体的抗病能力，减少疾病发生率，减少动物患病及药物的使用，促进动物性产品质量和安全性的提高；农场在运输和屠宰环节提高动物福利，提高酮体质量和产品品质，从而降低生产成本，增加优质产品收益，提高动物养殖的整体经济效益。

二、贸易壁垒与经济效益

随着动物福利理念的加深，动物福利保护组织相继出现，利用各种方式宣传动物保护，并且从动物福利的角度对国际贸易施加影响。伴随经济全球化的发展，传统的关税壁垒正在减少，取而代之的是一种新型贸易壁垒，而在畜牧业国际贸易领域则产生了"动物福利壁垒"。与传统的贸易壁垒不同，动物福利壁垒兼具技术壁垒和道德壁垒的特征，是国际动物和动物产品贸易的一个门槛。近年来，一些国家开始将动物福利与畜禽及畜禽产品国际贸易紧密挂钩，对进口畜禽和畜禽产品的动物福利提出要求，将动物福利作为进口家畜、家禽和畜禽产品的一个重要标准，限制达不到动物福利标准要求的畜禽和畜禽产品进口。动物福利已经与价格、质量、食品安全一起成为影响产品市场竞争力的决定因素。

我国是世界养牛大国，据国家统计局统计数据显示，2014 年以来，我国肉牛出栏量整体呈现平稳增长的趋势，截至 2021 年，国内肉牛出栏 4 707 万头，比上年增加 142 万头，增长 3.1%，创近 8 年新高。此外，我国牛肉产量逐年攀升，2021 年中国牛肉产量达 698 万 t，较 2020 年增加了 25.6 万 t，同比增长 3.79%，出口市场潜力巨大，但是我国动物福利工作起步较晚，与西方发达国家有很大差距。目前，我国肉牛养殖仍然存在草料不丰、饮水不洁、环境不佳、滥投药剂、粗暴饲喂、长途运输、野蛮屠宰等问题；科学的肉牛绿色健康养殖技术亟须开发与推广，相关的肉牛福利法律法规有待完善。如果我国肉牛在饲养、运输、屠宰过程中不按动物福利的标准执行，肉牛福利条件较差，与国际规则的要求相距甚远，检验指标就会出问题，而影响肉牛产品的出口。因此，为了防止畜产品出口受动物福利问题限制，我们必须在肉牛产业化过程中重视动物福利基本要求，提高牛肉品质，减少国际贸易争端，提高我国肉牛产品的国际市场竞争力，增加养殖者的经济收入。

参考文献

曹国军，2019.肉用犊牛和育成牛的饲养管理［J］.中国畜禽种业，15（7）：80.

陈斌，2021.奶牛初乳菌群分析及益生菌组合对犊牛生长和肠道菌群的影响［D］.杨凌：西北农林科技大学.

陈靖，2019.动物福利在养殖中的应用与优势［J］.畜牧兽医科学（电子版）（17）：33-34.

陈玉坤，2022.育肥肉牛的饲养管理技术分析［J］.中国畜牧业，603（12）：70-71.

崔元财，2020.牦牛产后恢复及新生犊牛的护理［J］.畜牧兽医科技信息（8）：92.

丁丽艳，韩永胜，李平，等，2022.发挥肉用种公牛生产性能的综合措施［J］.中国畜禽种业，18（11）：99-102.

高淑玲，2013.犊牛消化机能发育的特点［J］.养殖技术顾问（12）：27.

郭建军，李晓滨，齐雪梅，等，2010.饲料中添加桑叶对育肥牛增重的影响［J］.当代畜牧，12（9）：31-32.

郭建军，张会文，李晓滨，等，2010.日粮中添加桑叶粉对种公牛精液品质的影响［J］.当代畜牧，6（10）：38-39.

韩天龙，王敏，赵瑞霞，等，2014.肉牛生产福利研究进展［J］.家畜生态学报，35（3）：81-84.

黄耀华，唐春霞，2022.青贮玉米育肥肉牛效果试验研究［J］.畜牧兽医杂志，41（6）：19-20.

黄静，赵娜，郭万正，等，2022.饲料桑对黄羽肉鸡生长性能、屠宰性能及肉品质的影响［J］.动物营养学报，34（6）：3547-3558.

荆元强，宋恩亮，成海建，等，2012.饲粮蛋白质水平和棉籽粕取代豆粕对肉牛育肥的影响［J］. 动物营养学报，24（6）：1062-1068.

李保明，王阳，郑炜超，等，2021.畜禽养殖智能装备与信息化技术研究进展［J］. 华南农业大学学报，42（6）：18-26.

李代买，2020.犊牛去角术的方法探讨与优化设计［J］. 畜牧兽医杂志，39（5）：78-79.

李慧，王娜，朱春侠，等，2018.内蒙古肉牛运输的动物福利问题及对策分析［J］. 畜牧与饲料科学，39（11）：96-99.

李前勇，张德志，朱瑞，等，2021.重庆肉牛生产中鲜酒糟使用现状及其副效应的调查研究［J］. 四川畜牧兽医，48（9）：18-22.

李拓，2022.母牛的发情周期以及发情的鉴定方法［J］. 中国动物保健，24（7）：83-84.

刘喜生，张拴林，岳文斌，2013.肉牛生产中的保护与福利［J］. 中国草食动物科学，33（5）：65-67.

刘治凤，2022.犊牛初乳管理的调查及其对哺乳期犊牛健康的影响［D］. 杨凌：西北农林科技大学.

刘忠超，范伟强，常有周，等，2018.基于 ZigBee 和 Android 的牛舍环境远程监测系统设计［J］. 黑龙江畜牧兽医（17）：61-64.

吕仁龙，李汉丰，何德林，等，2020.不同干稻草添加比例对海南黄牛和杂交牛生长性能和血清生化指标的影响［J］. 饲料研究，43（1）：1-4.

孟庆翔，2022.矿物质在肉牛饲养中的作用［J］. 饲料工业，43（24）：1-8.

农业部，2004.肉牛饲养标准：NY/T 815-2004［S］. 北京：中国农业出版社.

齐贺，2013.寒区某高产奶牛场饲养管理和环境管理的调查与分析［D］. 哈尔滨：东北农业大学.

秦建云，2021.育成牛的饲养管理技术［J］. 畜牧兽医科技信息，535（7）：125.

孙鹏，2018.犊牛饲养管理关键技术［M］. 北京：中国农业科学技术出版社.

孙鹏，2021.奶牛健康养殖关键技术［M］. 北京：中国农业科学技术出版社.

孙鹏，2022.反刍动物健康养殖关键技术［M］. 北京：中国农业科学技术出版社.

田生花，何成伟，夏玉芬，等，不同能量水平日粮对肉牛产肉性能和肌内脂肪含量的影响［J］. 畜牧与兽医，42（7）：3.

童丹，王思珍，2020.发酵豆渣在肉牛饲料中应用的初步研究［J］. 农村经济与科技，31（9）：97-98.

王大可，李齐，2021. 浅谈规模化肉牛养殖福利［J］. 吉林畜牧兽医，42（10）：82.

王海利，顾鲲涛，2019. 浅谈动物福利及肉牛养殖过程中的福利问题［J］. 中兽医学杂志（7）：101-104.

王加启，2006. 现代奶牛养殖科学［M］. 北京：中国农业出版社.

王佳佳，邓源喜，王丹丹，等，2019. 牛肉的营养价值及牛肉嫩化技术的研究进展［J］. 肉类工业（9）：55-58.

王莉梅，王晓冬，王德宝，等，2019. 肉牛运输应激危害及动物福利化预防措施［J］. 中国牛业科学，45（4）：59-62.

王晓佳，2020. 屠宰前处理对肉牛胴体和肉质的影响［J］. 畜牧产业（12）：73-75.

王晓文，韦伟，张目华，等，2017. 国内外动物福利立法情况与经济效益比较分析［J］. 山东畜牧兽医，38（3）：59-62.

王新燕，汇玉，2013. 肉牛屠宰中的福利问题［J］. 新农村（黑龙江）（24）：1.

王泳杰，王之盛，胡瑞，等，2019. 不同品种肉牛产肉性能、牛肉营养品质及风味物质的比较［J］. 动物营养学报，31（8）：3621-3631.

魏富荣，2021. 新生犊牛成活率低的原因分析及应对措施［J］. 饲料博览（7）：70-71.

吴广军，李宏双，高玉红，等，2015. 2014 年肉牛饲料资源开发的国外研究进展［J］. 中国牛业科学，41（4）：57-59.

肖建中，刘耕，李一平，等，2019. 发酵桑叶对新晃黄牛生长性能、血液生化指标、屠宰性能和肉品质的影响［J］. 蚕业科学，45（1）：116-121.

杨润军，赵志辉，2012. 我国肉牛业动物福利的现状及发展建议［J］. 中国牛业科学，38（6）：64-69.

杨西亮，2022. 肉牛良种繁育关键技术应用与推广［J］. 中国畜牧业（9）：58-59.

杨永在，王长水，梁艺洵，等，2015. 不同添加物对马铃薯茎叶青贮品质的影响［J］. 中国草食动物科学，35（5）：34-38，49.

杨梓曼，尚相龙，陈豪，等，2022. 热应激对肉牛血清生化指标、瘤胃发酵参数及微生物区系的影响［J］. 动物营养学报，34（7）：4487-4497.

于滨，冯曼，宋连杰，等，2022. 肉牛营养饲料与肥育研究进展［J］. 中国牛业科学，48（2）：45-49，78.

余中节，2021. 益生菌发酵代乳粉的研制及其对犊牛生长、代谢及肠道菌群的影响［D］. 呼和浩特：内蒙古农业大学 .

张兵战，2021. 马铃薯加工副产物的营养价值及其对肉牛饲养成本的影响［J］. 中国饲料，692（24）：111–114.

张红，万发春，陈东，等，2020. 肉牛福利养殖的研究进展［J］. 中国畜牧业（14）：53–54.

张剑搏，丁考仁青，梁泽毅，等，2021. 早期营养干预对幼龄反刍动物瘤胃微生物区系发育的影响［J］. 草业学报，30（2）：199–211.

张心壮，孟庆翔，李德勇，等，2012. 国内外肉牛福利及其研究进展［J］. 中国畜牧兽医，39（4）：215–220.

张宇春，2021. 浅谈影响肉牛育肥效果的因素［J］. 畜牧兽医科技信息（10）：96.

赵毅飞，高君平，孙航，等，2022. 早期断奶应激对犊牛的影响及调控措施［J］. 中国畜禽种业，18（10）：110–113.

赵育国，2011. 福利化管理措施对肉牛生产性能和免疫功能的影响［D］. 呼和浩特：内蒙古农业大学 .

周频，费云涛，2013. 提高黑牛雪花肉质量的饲养管理措施［J］. 养殖技术顾问，215（3）：6.

赵春平，昝林森，2016. 肉牛去势技术研究进展［J］. 家畜生态学报，37（2）：86–89.

周俊梅，2021. 育成牛的饲养管理［J］. 中国牛业科学，47（3）：89–90.

AWDA B J, MILLER S P, MONTANHOLI Y R, et al., 2013. The relationship between feed efficiency traits and fertility in young beef bulls［J］. Canadian Journal of Animal Science, 93:185–192.

BRITO L F, BARTH A D, Rawlings N C, et al., 2007. Effect of feed restriction during calfhood on serum concentrations of metabolic hormones, gonadotropins, testosterone, and on sexual development in bulls［J］. Reproduction, 134:171–181.

HOUGHTON P L, LEMENAGER R P, Horstman L A, et al., 1990. Effects of body composition, pre- and postpartum energy level and early weaning on reproductive performance of beef cows and preweaning calf gain［J］. Journal of Animal Science, 168: 1438–1446.

MALMUTHUGE N, GUAN L L, 2017. Understanding host-microbial interactions in rumen: searching the best opportunity for microbiota manipulation

[J]. Journal of Animal Science and Biotechnology（8）: 8.

MALMUTHUGE N, LIANG G, GUAN L L, 2019. Regulation of rumen development in neonatal ruminants through microbial metagenomes and host transcriptomes[J]. Genome Biology, 20（1）: 172.

National Research Council（U. S.）, Committee on Nutrient Requirements of Small Ruminants. Nutrient requirements of small ruminants: sheep, goats, cervids, and new world camelids [M]. Washington, D. C.: National Academies Press, 2001.

VIDARSSON G, DEKKERS G, RISPENS T, 2014. IgG subclasses and allotypes: from structure to effector functions [J]. Front Immunol, 5:520.

WELLNITZ K R, PARSONS C T, DAFOE J M, et al., 2022. Influence of Heifer Post−Weaning Voluntary Feed Intake Classification on Lifetime Productivity in Black Angus Beef Females [J]. Animals, 12（13）:1687.

ZHOU Z, ZHOU B, REN L, et al., 2014. Effect of ensiled mulberry leaves and sun−dried mulberry fruit pomace on finishing steer growth performance, blood biochemical parameters, and carcass characteristics [J]. PLoS One, 9: e85406.